Bezeichnungen

des

Welt- und Lebensanfanges

in der

Chinesischen Bilderschrift.

Von

Dr. Gottfried Otto Piper.

Berlin,

Druck und Verlag von G. Reimer.

1846.

Vorrede.

Seit Jahren mit einer Untersuchung der Chinesischen Bilderschrift beschäftigt, beabsichtigte ich anfänglich, nur das zusammenzustellen, woraus auf die physikalischen und physiologischen Begriffe geschlossen werden kann. Die eigenthümlichen Gedankenverbindungen, welche der Bilderschrift zu Grunde liegen, haben einige Abänderung dieses Planes nothwendig gemacht. Der Reichthum der überhaupt vorhandenen Nachweisungen ist fast überschwenglich. Morrisons Wörterbuch enthält 40,000 Zeichen. Viele von diesen Zeichen kommen gar nicht in Betracht; dagegen aber weist die alte Schrift für manche Zeichen eine Reihe bedeutsamer Formen auf, welche in der genannten Zahl neuer Zeichen zum Theil gar nicht vertreten werden. Remusat, welcher die Anzahl der in den klassischen Wörterbüchern enthaltenen Zeichen auf 30—40,000 angiebt, rechnet „wenigstens" die Hälfte derselben zu den Lautzeichen (*hing-sching, syllabiques*); hiernach würden 15—20,000 ideographische, d. i. zu erklärende Zeichen übrig bleiben. Diese übrigen Zeichen zerfallen in fünf Klassen. Sie sind zuvörderst entweder Bilder oder Sinnbilder. Die ersteren (*siang-hing,* Bildzeichen, *dessins grossiers d'objets matériaux,* deren Remusat 200 zählt) können nur in so fern in Betracht kommen, als sie in gewissen Fällen eine Auskunft über die subjektive Auffassung eines Gegenstandes geben; wie z. B. das Zeichen der Sonne, Fig. 15 — 18, welches uneigentlich zu diesen Bildern gezählt wird. Eigentliche Bilder sind das Zeichen des Pferdes, Fig. 125, des Frosches, Fig. 170, des Knotens, Fig. 103. Die Sinnbilder (*tschhi-sze,* Sachzeiger) bezeichnen das, was sich nicht abbilden lässt (*tout ce qui n'a pas de figure; indiquans la chose*). Man rechnet zu denselben das Zeichen der Mitte in Fig. 78. Die Bilder selbst werden Sinnbilder, und die Sinnbilder können noch ferner sinnbildlich verwendet werden. In diesem Sinne heissen die Zeichen metaphorisch (*kia-tsiei,* entlehnt, *empruntés, metaphoriques*). So bedeutet das Zeichen der Spalte, Fig. 47: die Gelegenheit; das des Beiles, Fig. 143: das Wohlwollen; das des Frosches, Fig. 170: die Anstrengung. Weiter entsteht eine Reihe Zeichen durch Umkehrung. Solche Zeichen heissen Umgekehrte (*tschuan-tschu,* umgekehrt erklärt, *antithetiques*). So bedeutet das Zeichen der Hand, wie in Fig. 73, umgekehrt, wie in Fig. 31: die linke Hand; das Zeichen des aufgehenden Keimes, Fig. 50, umgekehrt, wie in Fig. 38: zu Grunde gehen; das Zeichen des Menschen, wie in Fig. 43, 71, umgekehrt, wie in Fig. 43, 102: den Löffel, liegend: den Leichnam. Die einzelnen Zeichen werden unter einander verbunden, Die Zeichenverbindungen gehören entweder in die oben genannte Klasse der

Lautzeichen, oder sie sind bedeutend und ideographisch, gleich bezeichnend zusammengesetzten Worten. Zu den Lautzeichen werden zumal die Namen der Thiere und Pflanzen gerechnet. So heisst der Karpfen *li*, und diesem Namen entspricht die Zeichenverbindung, bestehend aus den Zeichen des Fisches, *yü*, und des Ortes, *li*. Das Zeichen des Ortes, *li*, soll hier nur lautbildend sein, und die Zeichenverbindung soll nicht etwa einen Ortfisch bedeuten. Da nun aber bei andern Völkern z. B. die Namen der Thiere sehr bezeichnend zu sein pflegen, so bleibt die Frage übrig, aus welchem Grunde der Karpfen eben der Fisch *li* genannt wird. Die bedeutenden Zeichenverbindungen (*hwuy-i*, Bedeutungseinigungen, *sens combinés*) geschehen, wie Remusat sagt, *plus ou moins ingenieusement*. Es giebt Zeichenverbindungen, welche als ternär (Fig. 160) oder quaternär (Fig. 70) angesehen werden, in der Regel aber zerfällt eine Zeichenverbindung in zwei Theile, deren einer das Wurzelzeichen ist, oder dasselbe enthält. So ist in Fig. 63 die rechte Hälfte das Wurzelzeichen, welches aus dem Zeichen des Auges und des Menschen besteht; die linke Hälfte besteht aus dem Zeichen des Vogels, darüber zwei Zeichen des Mundes, und darüber dem Zeichen des Krautes, welches eigentlich aus zwei Zeichen des Keimes besteht. So enthält diese Zeichenverbindung sieben einzelne Bilder. Es giebt noch stärkere Complicationen; so findet sich eine, welche aus der beschriebenen Gruppe und dem Zeichen des Herzens besteht.

In den bedeutenden Zeichenverbindungen treten, wie auch in der Umkehrung und sinnbildlichen Verwendung der Zeichen, so fremdartige Dinge zusammen, dass man fast überall von der Naturlehre ab in das Gebiet der allgemeinen Symbolik geräth. So bedeutet Sonne und Panzer, Fig. 29: den Morgen; Speer und Stammeln, Fig. 30: den Frühlingsaufgang. Sodann sind die Bedeutungen, zu welchen ein Zeichen, wie z. B. das des Panzers oder Speeres, in andern Verbindungen contribuirt, oft auch sehr bezeichnend für das Wesen des Zeichens selbst, und für den Sinn der fraglichen Verbindungen desselben. Wenn man etwas aus diesem Zusammenhange herausnehmen will, um, wie ich anfänglich beabsichtigte, eine einseitige und ausschliessliche Darstellung jener subjektiven Naturlehre zu geben, so wird der Leser genöthigt, manche Erklärung auf Treue und Glauben anzunehmen, indem ihm der Beweis, als auf fremdartigen Verhältnissen beruhend, vorenthalten werden muss. Zu einer solchen Form der Mittheilung konnte ich mich nicht entschliessen. Die Nachweisungen, welche meine Arbeit enthält, sind für den Ethnologen, Psychologen, Mythologen, so wie für den, der die Geschichte der Naturwissenschaften und Naturlehren speciell studirt, von grosser Bedeutung. Aber alle diese Gelehrten können unverbürgte Nachweisungen nicht benutzen. Ich musste daher, wenn meine Arbeit nicht fruchtlos sein sollte, eben so viel darbieten, wie mir selbst die Quellen gegeben haben, um den Leser in Stand zu setzen, dass er aus dem Gegebenen Folgerungen ziehen, oder auf dasselbe bauen könne, indess er meine eigenen Erklärungen nicht als ein unveräusserliches Gut, sondern als eine willkommene Zugabe, über die er zu bestimmen und zu richten hat, annehmen mag. Das war nicht bei einer einseitigen, sondern nur bei einer durchgängigen Darstellung zu erreichen. Die fortlaufende Erklärung aller ideographischen Zeichen ist für den Bearbeiter, abgesehen von der räumlichen Ausdehnung des Werkes, mit geringerer Mühe verbunden, weil sie einen ruhigen und sorglosen Fortgang gestattet. Für den Leser aber, der die unzähligen Analogien verfolgen will, wird dieselbe, da sich nicht Alles an jedem Orte zusammenstellen lässt, der räumlichen Ausdehnung wegen, ein mühevolles Studium erfordern. Es erschien daher nothwendig, den vorhandenen Stoff irgend wie einzutheilen, dabei die Nachtheile der gedachten Eintheilung zu vermeiden, und in einem möglichst beschränkten Raume etwas möglichst Abgeschlossenes und in sich ausreichend Begründetes darzubieten. Ich habe hier zuerst die Lehren von dem Weltanfange, nebst Einigem, was sich anschliesst, in der gewünschten Art, mit allen nöthigen Beweisen, zusammengestellt. Man wird schon in diesem kleinen Theile eine wesentliche Bereicherung der historischen Wissenschaften nicht verkennen.

Gerade durch die Subjektivität erhalten diese Lehren ausser der historischen Bedeutung, welche Allem was in Natur und Geschichte vorhanden ist, zukommt, noch eine besondere psychologische Bedeutung, indem sie bis nahe an den Ursprung der menschlichen Gedanken führen. Ich habe, entsprechend der grossen Wichtigkeit des Gegenstandes, Bedacht genommen, durch fortwährende Kritik und sorgsame Zusammenstellung der Analogien und Beweise Alles möglichst in sein rechtes Licht zu stellen, meine Meinung nicht mit dem Sachbestande zu vermischen, und die fernere Kritik in die Hände des Lesers zu geben. Ich habe das seltene Glück gehabt, meine anfänglichen Erwartungen nicht getäuscht, sondern übertroffen zu finden, je weiter ich in der Untersuchung fortgeschritten bin.

Um den Leser über die Zuverlässigkeit der Nachweisungen ausser Zweifel zu setzen, habe ich die Erklärungen nach Morrisons *Chinese dictionary* wörtlich beigefügt. Die Figuren sind, bis auf Fig. 66, 67 und 117, Schriftzeichen, und zwar der alten Schrift, *tschhuan*, welche nach Klaproth von 800—200, nach Remusat von 600—200 vor der christlichen Zeitrechnung in Gebrauch war.

Bernburg, im Juli 1845.

Dr. G. O. Piper.

Einleitung.

Der Dualismus erscheint, so weit die Erfahrung reicht, nur als das Mittel zwischen der Einheit und Dreiheit. Selbst die Persische Lehre, welche wegen der streng bezeichneten Gegensätze des Lichtes und der Finsterniss, des Guten und Bösen, zu Zeiten als dualistisch benannt worden ist, weist als Drittes oder Mittelglied den Mitra auf. Die Hinzufügung des Dritten erscheint als die Erfüllung eines Bedürfnisses, welches der combinirende Geist so wenig abweist, wie die componirenden physikalischen Kräfte die Resultate, als dritte Richtung, abweisen. Auf diese Weise ist das zweite Wesen der Dyas eigentlich das Dritte, welches erst dann in seine gehörige Stelle tritt, wenn die Trias hergestellt, und das zweite Wesen als Complement gefunden ist. Für diese Ansicht der Sache werden sich unten einige augenscheinliche Beweise finden. Ob es sich überall ähnlich verhalten habe, scheint nicht ausgemacht werden zu können. Was die Einheit betrifft, so erscheint dieselbe durchschnittlich als eine Voraussetzung nach Uebereinkunft, deren Undenkbarkeit nicht minder zugestanden wird, als die Undenkbarkeit des Anfanges. Der Anfang wird bald als Entzweiung, bald als Vereinigung beschrieben. Die erstere Art des Anfanges, oder der Ursprung ist ein Hervorgehen des Anfangenden oder Werdenden aus dem Voranfänglichen oder Seienden. Die andere Art der eigentliche Anfang, ist ein Greifen oder Fangen des Anfangenden oder Werdenden nach dem Voranfänglichen oder Seienden, auch wohl ein Einnehmen (*incipere*) des Letzteren in den Bereich des Ersteren. Diese letztere Art des Anfangs muss, streng genommen, die erstere Art, oder den Ursprung, noch voraussetzen. Weil nun die vorhandenen Begriffe nicht weiter reichen, und auf keine Weise das Unbedingte und Erste festhalten können, so hat man sich begnügt, die sichtbaren und denkbaren Anfänge als Wiederholungen anzusehen, und den Weg zu der unendlichen Reihe zu suchen. In diesem Sinne lassen die Inder der Weltschöpfung die Zerstörung oder Zurücknahme der vorigen Welt vorangehen, und die Chinesen thun dasselbe, indem sie den Urstoff als einen von dem Feuer aufsteigenden Dunst bezeichnen; wobei die natürliche Voraussetzung, dass dieser Dunst der Ueberrest des von dem Feuer verzehrten Stoffes ist, ausdrücklich zugestanden wird. Das angeblich Unmittelbare und Unbedingte trifft rücksichtlich der Erneuerung und Fortpflanzung mit den bedingten und sekundären Mächten darin zusammen, dass es von einer Seite empfängt, um von der andern zu entlassen, und unterscheidet sich dadurch, dass es nicht von einem oberen Principe empfängt, sondern von einem unteren, indem es als ewiger Wendepunkt die aufgelösten und abgestorbenen Stoffe zu neuen Lebenskeimen umbildet. Das erinnert an den Phallus auf dem Grabe Viele scheinbar androgyne Sinnbilder möchte man, in Rücksicht der Entwicklung der Dreiheit aus der Zweiheit, ganz anders erklären, als gewöhnlich geschieht, zumal da sich Bilder finden, in welchen das erklärt männliche Princip den Umfang bildet, und das erklärt weibliche enthält. Ja selbst der unzweideutige Geschlechtsdualismus wird durch das Princip der Dreieinheit aufgelöst, wodurch andererseits die erdachten Verhältnisse, welchen der Geschlechtsdualismus zum Vorbilde dient, keineswegs als Geschlechtsverhältnisse nach unseren Begriffen erscheinen.

Zuvörderst sind die binären und ternären Verbindungen selbst, und sodann die constituirenden Glieder derselben in Betracht zu ziehen.

I. Von dem Weltanfange.

Himmel und Erde heissen die grossen Vater und Mutter (*ta-fu-mu*), und dem entsprechend heisst es *„earth being „constituted femal energy* (*Khwen-tao-tschhing-niu*) *and „heaven the male* (*Kien-tao-tschhing-nan*) *all creatures were „produced.“* (*Morrison. Dict. Rad. 19.* unter dem Zeichen der Bewegung *thung*). Das Wort *tao*, welches in dem angeführten Satze als Bestimmung gebraucht ist, bedeutet eigentlich den Weg, und sinnbildlich das oberste Princip, so viel als *li*, Weltordnung. In dieser Beziehung heisst es *„In nature „(thien-thi*, in Himmel und Erde) *are only the two states „of motion and rest, revolving in uninterrupted succession; „exclusive of these there is no operation. These changes „are called yih. But motion and rest must have a li, or „principle of order, which causes motion and rest. This is „that, which is called thai-khih, or the first moving cause.“ „The first principle in motion is yang, at rest is denomi„nated yin. Motion and rest blending and operating pro„duce fire, water etc.“ „Li directs the combination of matter“* (*ib.*). Hier heisst es also einmal, dass Himmel und Erde als Vater und Mutter Alles hervorbringen. Dann heisst es, dass in Himmel und Erde nur die zwei Zustände der Bewegung und Ruhe stattfinden; dass der Urstoff in Bewegung *yang*, in Ruhe *yin* heisst, und dass durch die Vermischung (*blending*) dieser Beiden die Elemente, also alle Dinge, hervorgebracht werden. In den angeblich ältesten Symbolen, den sogenannten *kwa*, deren Erfindung dem Kaiser ***Fuh-hi*** zugeschrieben wird, erscheinen Himmel und Erde nur als Ausbreitungen oder extensive Entwicklungen des *yang* und *yin*. Dem Himmel, *kien*, entsprechen drei wagerechte Linien ☰, der Erde, *kwen*, sechs Linien ☷. Diese letztere Figur wird nicht als eine Verdoppelung der ersteren angesehen, sondern die wagerechten Linien werden als gebrochen bezeichnet. Eine einzelne Linie bedeutet das *yang*, ——, eine gebrochene Linie, — —, das *yin*. *Yang* und *yin* werden nicht nur als verschiedene Zustände des Urstoffes, *khi*, bezeichnet, sondern *urh-khi*, die zwei *khi*, genannt. *Luh-khi*, die sechs *khi*, heissen *yang* und *yin*, hell und dunkel, Wind und Regen.

Von dem Urstoffe, *khi*.

Das Zeichen des Urstoffes besteht aus dem Zeichen der Luft, *khi*, und des Reiskornes, *mi*. Die Erkläruug sagt: „(***Rice and***
„***vapour***). ***Vapour or fume ascending from fire, operating***
„***on water or moisture. fume. vapours. exhalations. cloudy***
„***vapours. halo. ether. etherial. primary matter. original sub-***
„***stance of animate and inanimate creatures. the breath.***
„***spirit. animal soul. an apparition. the animal life. vegeta-***
„***ble life. subtil fluid. nervous fluid. animal spirits. influence***
„***of planets. attraction. magnetism. subtil qualities or medi-***
„***cinal powers. spirit. temper. feelings. sentiments. principles***
„***or movements of mind. anger. habitual disposition of mind.***
„***ardor. elevation. vehemence. courage. vigour of mind. halo***
„***or khi around the sun.***"

Dass das constituirende Zeichen der Luft, *khi*, Fig. 1., aus drei Linien besteht, scheint an die dreilinigen ***Kwa*** zu erinnern. Das Zeichen bedeutet nicht sowohl die Luft, als den Dunst „*vapours or light floating clouds, wh. the cha-*
„*racter represents. air, breath steam.*" In andern Formen des Zeichens fällt die Biegung der unteren Linie weg, so dass alle drei Linien einander gleich sind, und dann unterscheidet sich das Zeichen nicht von dem Zeichen *tscho*, welches den Schritt des rechten Fusses bedeutet. Dieses Zeichen der Luft, verbunden mit dem Zeichen des Menschen, *jin*, bedeutet die Ausathmung, das Gähnen, *khien*. Dieses Zeichen der Ausathmung verbunden mit dem Zeichen der Rückkehr, *fan*

(*„to turn contrary to the first direction. to turn back. to „return. to rebel“*) bedeutet die aufstossende Luft, *ki* (*„an „incessant rising of breath. a hiccup, that comes on after „eating and drinking.“*) Dieses Zeichen der aufstossenden Luft, *ki*, verbunden mit dem Zeichen des Feuers, *ho*, bedeutet ebenfalls den Urstoff, *khi*. So wird der von dem Feuer aufsteigende Dunst verglichen mit der Luft, welche aus dem gefüllten Magen aufsteigt, und diese luftförmige Aussonderung wird ein Bild des Urstoffes, um denselben als Ueberbleibsel der verbrannten oder verzehrten vorigen Welt zu bezeichnen.

Das Zeichen des Reiskornes, Fig. 2. 3, wird rücksichtlich seiner Form nicht erklärt. Die neuere Schriftform ahmt dieses alte Zeichen nach, indem sie das Zeichen der Kleinheit, *siao*, mit dem Zeichen der Kleinheit, *schao*, verbindet. Auch entsprechen wenigstens die drei senkrechten Parallellinien dem Zeichen der Kleinheit, *siao*. Auch wird das Zeichen des Reiskornes in einem entsprechenden Sinne gebraucht, indem es mit dem Zeichen des Auges, *muh*, den Staub bedeutet, der in das Auge kommt (*„dust or motes entering the eye, and „blinding it, or obscuring its vision.“*) In dieser Zeichenverbindung wird das Reiskorn durch das Zeichen der zweiten Person, *urh*, ersetzt. Diese Gleichsetzung erinnert an die Beschreibung des Seienden (*sat*) bei den Indern. Das Seiende wird genannt: „Das bist Du“ und wird durch das Bild des Samenkornes, in welchem der Baum ist, aber nicht gesehen wird, versinnlicht. Paulin theilt ein indisches Symbol mit, welches mit dem fraglichen eine gewisse Aehnlichkeit hat. Er erklärt dasselbe dreifach. Einmal als Bhawani mit den drei Göttern, Brahma, Wischnu, Çiva. Sodann als das Wasser, auf welchem Wischnu schwimmt. Endlich als *linga* in der *yoni*. Der *linga* würde dann in dem Kreise vorgestellt sein, welcher eigentlich ein Bild des Reiskornes sein soll.*)

*) Die Bedeutung, welche das Wort *linga* in einem philosophischen Systeme angenommen hat, scheint sich sehr wenig von dem ursprünglichen Sinne zu unterscheiden (*Lassen, Içvaracrishnae sankhya carica* S. 28) *„linga ab origine valet genus, deinde signum, nota. Sed „dialecticis idem est, atque involvendum, continendum. Est igitur nota „rei, id quod rem designat, id quod re continetur.* το σημειον — *id „quod praedicatur, praedicatum.“* Diese Bedeutungen erinnern an die Stellung des *linga* in der *yoni*. Wenn es nun ferner heisst (*ib.*

Das Reiskorn als Atom, welches das Auge blendet, ist gleich der Sonne, welche ebenfalls, wenn sie unmittelbar in das Auge kommt, nicht gesehen, sondern gefühlt wird, indess sie das Auge blendet. Auch ist das Reiskorn hart und trocken, wie das *yang*, dessen Essenz die Sonne ist („*the sun is the* „*essence of yang*"). Es ist daher zu erklären, dass der Urstoff nicht nur mit dem Zeichen des Reiskornes und der Luft, sondern auch mit dem Zeichen der Sonne, *ji*, und der Luft geschrieben wird. (Die Zeichenverbindung der Sonne und Luft bedeutet mit veränderter Stellung der Zeichen das *yang*.) Endlich wird der Urstoff auch geschrieben mit den Zeichen der Luft und des Feuers, *ho;* auch mit dem Zeichen der Luft und der weissen Farbe, *pih*. Diese Zeichenverbindungen sind zwar gleichbedeutend, haben aber jedenfalls einen verschiedenen Sinn. Da der Urstoff *khi* als von dem Feuer aufsteigender Dunst bezeichnet wird, so hat man eine unmittelbare An-

---

S. 40) „*linga igitur, sive corpusculum Genii* (des Puruscha) *est forma*, „*quam induit ille tanquam individuus, et personalitate praeditus.*" So wäre *linga* das Wahrzeichen der Individualität. Ein solches Wahrzeichen ist der Keim oder Same. *Linga* könnte nun den Keimhälter und den Keim selbst mit demselben Rechte bedeuten, wie das Wort *garbha* die Bedeutungen: 1. *uterus*, 2. *florum calyx*, 3. *pars interior, v. domûs*, 4. *foetus*, 5. *proles*, *natus*, vereinigt. *Garbha*, von *grabh*, nehmen, würde die Empfänglichkeit und Innerung; *linga*, von *lig*, malen, die Wirksamkeit und Aeusserung hervorheben, so dass das erstere für den mütterlichen, das letztere für den väterlichen Keimhälter geeigneter wäre. Dasselbe passt auf den Keim selbst. So lange der Keim in dem väterlichen Keimhälter eingeschlossen ist, nimmt er keine Nahrung an, und wächst nicht, sondern verräth nur sein Dasein durch äusserliche Zeichen, wie das Feuer, welches den Rauch zum Zeichen (*linga*) hat. Sobald aber der Keim in den mütterlichen Keimhälter gelangt ist, so nimmt er Nahrung ein, und wächst. Der ausgeführte materielle Keim, *garbha*, ist daher gleichsam die Grundlage oder *yoni* des *linga*, ohne welche derselbe nicht bestehen kann, wie die Indische Lehre sagt. (A. a. O. *Dist.* 4.) „*Sicuti pictura sine subiculo, sicuti membra sine rebus firmis, similibusque, ita sine distinctis non consistit corpusculum* (*linga*) *statumine* „*ipsum destitutum.*" Der *linga* als feiner Leib des Puruscha fällt daher fast völlig mit dem Puruscha selbst zusammen. Es heisst (a. a. O. *Dist.* 57) „*Sicuti actio est inconscii lactis in efficiendo vituli* „*incremento, ita actio est Genitricis* (der Prakriti) *in efficienda Genii* „(des Puruscha) *liberatione.*" Man erinnert sich hierbei des Bildes, wo das Euter der Kuh auf den *linga* herabhängt (*cf.* Rhode, Religion der Inder, S. 417) und der Worte, mit welchen die Kälber der Luft verglichen werden, weil sie das Milchen der Kühe besorgen, wie der Wind den Regen.

weisung über den Sinn, in welchem das Zeichen des Feuers mit dem der Luft verbunden wird. Man würde einige Berechtigung haben, das Zeichen der Sonne ähnlich zu deuten, indem die durch die Sonne bewegte Verdunstung auch anderweitig bezeichnet wird. Dabei würde man das *yang* und *yin* in dem *khi* vorgezeichnet sehen; denn die Sonne wird als *yang* und der aufsteigende Dunst als *yin* betrachtet. Die Zeichenverbindung *tschhih* bedeutet: „*the yin or dark vapours* „*obscuring the yang or light.*“ Das Zeichen der weissen Farbe tritt, wie unten anzuführen bleibt, mehrfach auf die Seite des *yin.* Auf keinen Fall kann dasselbe, wie die Sonne und das Feuer, die Ursach der aufsteigenden Luft bezeichnen, sondern nur die Erscheinung, und erinnert an das Zeichen *pho,* welches bedeutet: „*smoke arising and causing a white* „*appearence*“ und *phuh,* „*white vapour or steam arising* „*from a thing.*“ Das Reiskorn könnte als Speise die verzehrte Speise bezeichnen, von welcher die Luft aufsteigt, oder es könnte, in Gährung begriffen, diese Luft entwickeln; wenn anders es nicht den Samen darstellen soll, welcher von dem feuchten Dunste genährt wird, oder dazu dient, den Urstoff als Samen zu bezeichnen.

Einige Bezeichnungen scheinen geeignet, den Sinn der Bezeichnung in ein bestimmtes Licht zu setzen. Die Zeichenform, in welcher der Urstoff mit dem Zeichen des Feuers und der Luft geschrieben wird, erinnert an das Zeichen *tschhuy,* welches das Kochen der Speise, den Hauch und die Seele der Verstorbenen bedeutet („*to boil, dress food with fire. to* „*blow. afflatus or anima of departed persons*“) und geschrieben wird mit dem Zeichen des Feuers und der Ausathmung. Das Zeichen der Ausathmung besteht aus dem Zeichen der Luft, Fig. 1., und dem Zeichen des Menschen. Da nun der Mensch als kleine Welt benannt wird, so ist die ausgeathmete Luft der Luft ganz gleich, und man könnte beide Zeichenverbindungen als identisch betrachten, und den Urstoff, bezeichnet durch Feuer und Luft, als die abgeschiedene Seele der vorigen Welt ansehen.

Das Zeichen des Urstoffes mit dem Zeichen des Feuers bedeutet: Gras und Unkraut verbrennen („*to burn weeds. to* „*burn the grass or hills*“). Das Verbrennen des Krautes bewirkt die Düngung des Landes („*to burn down the bushes,*

„to serve for manure“), es ist daher in dieser Zeichenverbindung gleichsam eine Erzeugung des Urstoffes mittels des Feuers bezeichnet. Endlich ist noch in Betracht zu ziehen das Zeichen *tso,* welches den von kochendem Reisse aufsteigenden Dampf bezeichnet (*„the steam rising from boiling „rice“*). Das erinnert an das Zeichen des Dunstes über dem Zeichen des Reisses. Ueberdiess besteht das Zeichen *tso* aus dem Zeichen der Speise und des Anfangs, Fig. 84., was jene Beziehung, so wie die zu der Seele des Verstorbenen noch enger zu machen scheint.

Die Bedeutungen, welche dem Urstoffe gegeben werden, bedürfen keiner Erläuterung; sie zeigen von der Bemühung, ein möglichst unkörperliches Wesen darzustellen, und von dem Standpunkte, welchen vormals die Physik und Physiologie einnahm, als man keine Kraft ohne ein Substrat, als Fluidum, denken konnte, und ein magnetisches Fluidum, einen Lichtstoff etc. voraussetzte.

Der Urstoff wird auch als Gefäss bezeichnet. *„li* (das „oben erwähnte Princip der Ordnung) *distinguished from „khi, is an immaterial incorporeal principle. Khi is the more „subtile or insensible part of material existences; the sub„stance, on which figure (hing) and the other qualities of „bodies are reared. What ever has shape and figure, is „founded in khi, what is destitute of shape and figure, „belongs to li and tao. Khi is below hing* (Gestalt) *it is the „khi, or khiu, the containing vessel, the substratum; the „subsistence, the primary matter.“* In Vergleich mit dieser Erklärung ist es merkwürdig, dass der Kaiser als Gefäss, und das Volk als Inhalt bezeichnet wird, indess er andererseits als Seele, und das Volk als Leib gilt. *„The prince is like a „vessel, the people is like water. The water is moulded by „the shape of the vessel* (*Morris. Rad. 108.* unter dem Zei„chen des Gefässes *yü*).“ *„The prince is the soul or mind, „the people is the body“* (*ib.* unter dem Zeichen des Volkes *min*). Das Zeichen des Gefässes *khi,* so wie das des Gefässes *khiu,* wird zu Bezeichnung des Phallus gebraucht. *Yin-khi, membrum virile.* (*Yin* die weibliche Weltmacht) *Khi,* Fig. 4., besteht aus dem Zeichen des Hundes, *khiuen,* und vier Zeichen des Mundes, und bedeutet: *„mouths of several vessels, and dog guarding „them. vessel of crookery ware. instrument. thing formed by*

„moulding. also utensil formed by cutting. talent. ability.“ Diese von dem Hunde bewachten Gefässe stellen einen Dualismus dar, welcher des Dritten gewärtig ist. Dieses Zeichen des bewachten Gefässes, *khi,* mit dem Zeichen des Regens, *yu,* bedeutet das Geistige, *ling. „Spiritual. subtile. ethereal. „which is good. felicitous. efficacious. any invisible or spiritual „cause. which is efficacious in holding intercourse with spirits.“* Hiernach scheinen die Mündungen der Gefässe bestimmt, den Regen aufzufangen. Das wäre ein Bild der individuellen Lebensverrichtung, welche sich etwas von der allgemeinen Nahrung zueignet.

J́uh-khiu bedeutet ebenfalls *membrum virile* (*J́uh,* Fleisch) *khiu,* Fig. 5., bedeutet *„placed together. allready prepared. „arranged. to present to.“* Die Figur zeigt ein Gefäss, welches von zwei Händen dargereicht wird. Vielleicht ist es zufällig, dass dieses Zeichen des Gefässes einer Form des Zeichens des Auges gleich kommt, und dass das ganze Zeichen sich auch unter dem Wurzelzeichen des Auges findet, denn diese Anordnung entspricht nicht immer den erweislichen Bedeutungen.

Von dem *yin* und *yang.*

Yin, die gebrochene Linie — —, bedeutet: *„One of the „two forms of matter, wh. succeed chaos. the grosser mat-„ter. the inferior. the femal in nature. that of which visi-„ble existences were made, and the phih, or animal spirit. „the north side of hill. the back of a stone tablet. the „shade. the opaque. obscure. sombre. Yin occurs for the „male genitals.“* Es wurde eben erwähnt, dass *yin-khi* (Fig. 4.) den Phallus bedeutet. Wenn die Erklärung dieser Bezeichnung etwas unsicher sein mögte, so ist es dagegen unzweideutig, wenn *yin* die männlichen Genitalien und die weibliche Energie (*the femal in nature*) zugleich bedeutet. Diese Gleichsetzung der beiden Geschlechter ist in der neueren Physiologie und Naturphilosophie zur Sprache gekommen, ist aber, wie sie in den alterthümlichen Lehren vorliegt, so viel mir bekannt ist, noch gar nicht besprochen worden. Dieselbe lässt sich im Allgemeinen als eine Frucht der Identitätslehre ansehen, und lässt sich psychologisch erklären, wenn man dem beistimmen will, was in der Einleitung über die Bezeichnung des Unbedingten und die Eröffnung der unendlichen Reihe gesagt worden ist. Wenn nämlich der Anfang als Wiederholung, und die Erzeugung als Fortpflanzung eines Empfangenen betrachtet wird, so fällt jeder scharfe Gegensatz hinweg, und z. B. das männliche Princip ist nur relativ verschieden von dem weiblichen, indem es in irgend einer Richtung demselben gleichgestellt sein muss, um das zu fernerer Fortpflanzung bestimmte empfangen zu können. Empfangen gilt als weibliche Verrichtung. Man trifft hier auf einen Kreis von Gedanken, welcher in der ältesten Zeit geschlossen, und in der neuesten nicht überschritten worden ist. Man vergleicht den *descensus testiculorum* mit dem Eierlegen, und die Menstruation und das Gebären bezeichnet man als männliche Verrichtungen.

Solche Vorstellungen fordern, das Individuum nicht nur in Beziehung zu dem nächst oberen oder dem nächst unteren, sondern zu beiden zugleich aufzufassen, ungefähr wie das Glied einer stetigen Proportion.

Die genannte Gleichsetzung steht im Chinesischen nicht vereinzelt da. So z. B. wird das männliche Thier mit dem Zeichen der Erde bezeichnet, da doch die Erde als Mutter betrachtet wird. *cf.* Fig. 125.

Unter den Aegyptischen Bildwerken findet sich namentlich ein Bild, welches denselben Sinn zu haben scheint (*Descript. de l'Egypte Tom. III. tab. 86.*). Aus dem Phallus eines schwarzen Mannes geht eine Reihe rother Punkte hervor, an deren Ende sich eine kleine menschliche Gestalt von rother Farbe findet. Hinter dem Manne, welcher in rechtem Winkel zurückgebogen ist, steht ein schwarzer Käfer, von dessen linkem Vorderbeine eine Reihe rother Punkte ausgeht und in den Mund des Mannes endigt. Die weiteren Beiwerke des Bildes, als ein kleinerer rother Käfer in dem Raume zwischen dem Manne und schwarzen Käfer, und eine rothe Kreisfläche über dem Manne, werden nicht unmittelbar zu erklären sein. Allenfalls könnte man bei der Kreisfläche an die Sonne denken, welche bei den Indern, gleich dem Puruscha, Zeuge der Werke heisst. Die Zurückbeugung des Mannes kann an die Zurückbeugung im Gegensatze des *κυφος* und *κατωφερης* erinnern (*cf.* Creuzer Symbolik III. 558.). Der Mann, der

Käfer und der *homunculus* sind die drei wesentlichen Gestalten, insofern sie durch die Punkte in unmittelbare Verbindung gesetzt, alles Uebrige einigermassen ausschliessen. Die übrigen Figuren werden daher, wenn sie ungedeutet bleiben, den augenscheinlichen Sinn jener Drei nicht zweideutig machen können. Da der Käfer (*Horapoll. I. 9.*) die Welt, den Vater und den Mann bedeutet, weil es in der Gattung kein Weibchen giebt, so kann man denselben ohne Bedenken als das obere oder unbedingte männliche Princip ansehen, von welchem das männliche Princip niederer Ordnung seine Vollmacht empfängt. Der Mann ist dieser oberen Macht empfänglich zugewendet, daher wird auch die Fortpflanzung, welche er damit vollbringt, als eine weibliche Handlung bezeichnet, darum ist auch der hervorgebrachte Keim gestaltet und ausgebildet, als wenn er aus dem Mutterleibe hervorginge. Da der Käfer auch die Welt bedeutet, so wird zu sehen sein, dass die Welt jenes obere männliche und erzeugende Wesen sein soll. Dahin mag es auch gedeutet werden, wenn auf einem anderen Bilde (*II. 84*) der Mann von Sternen und Kreisflächen umgeben, Punktreihen von denselben empfängt, indess er aus dem Phallus den *homunculus* entlassen hat.

Sehr ähnlich zeigt sich ein Mexicanisches Bild (*Antiquities of Mexico, Tom. III. tab. 29*). Ein Adler speiet einen rothen Strom in den Rachen eines Wolfes, indess vor dem Phallus des letzteren ein kleiner rother Mensch sitzt. Der Adler scheint ein natürliches Bild der Sonne oder irgend eines himmlischen Principes zu sein, indess der Wolf wenigstens als männliches Wesen ausdrücklich bezeichnet ist. Es wird daher nichts entgegenstehen, dieses Bild eben so zu deuten, wie das vorige, indem nicht nur das Kind mit dem Kinde, sondern auch der männliche Wolf mit dem Manne verglichen werden muss, und daher dem Adler ohne Zwang die Stelle des Käfers zuerkannt werden kann.

Auch mag es in diesen Kreis von Sinnbildern gehören, wenn der Priap seinen Phallus begiesst (*Antiquita d'Ercolano VI. 377*) oder wenn aus den Organen des Uranos die Aphrodite wird.

Nichts Anderes liegt der Indischen Lehre zu Grunde, wenn es heisst, dass das belebende Princip, der ungetheilte Puruscha als zertheilter, zuerst im Manne als Keim, und die

Fortpflanzung dessen erste Geburt sei. Die Geburt des Sohnes ist die Wiedergeburt des Vaters, und Manus Gesetzbuch betrachtet den Mann als Samen und die Frau als Acker. Diese Vorstellung macht es zugleich erklärlich, dass ein Baum oder eine Samen tragende Pflanze ein Bild des Phallus oder *linga* sein kann, und dass der *linga* und Puruscha wiederum mit dem Hirangagarbha- oder Goldleibkeime zusammentrifft.

Von den übrigen Bedeutungen des *yin* ist zu bemerken, dass dieselben zum Theil mit den Bezeichnungen der Erde zusammentreffen; *„when the original vapours were at first „divided, the heavy, foul and opaque became the earth"* (unter dem Zeichen der Erde, *thi*). So wird der Erde und dem *yin* die Dunkelheit zugeschrieben. Andererseits heisst es: *„Earth north, heaven south, i. q. remote from each „other,"* so dass der Erde der Norden, wie dem *yin* die Nordseite zukommt.

Yang, die ganze Linie, —, bedeutet: *„The superior of „the two material principles, into wh Chaos was divided. „lofty and splendid. the superior generally in nature. the „sun. light. done in the light. openly. the male of animals. „the pure and more subtile matter, of which were formed „invisible spirits, the Gods and the human soul."* Görres (Mythengeschichte S. 49) vergleicht *yin-yang* mit *lingam*. Wenngleich eine direkte Nachweisung über eine solche Vergleichbarkeit nicht vorliegt, so ist es doch bemerkenswerth, dass durch Nennung der drei zusammengehörigen Principe, denn *yin* und *yang* sind nicht ohne das *li*, das Princip der Ordnung, zu denken: *li yin-yang*, eine Art von Gleichlaut zu Stande kommt, indess man an die Indische Mythe denken könnte, wo die Götter der Trimurti sich als drei Schalen von dem *linga* ablösen.

Yin heisst jung, und weich (*jĕ́u*), *yang* alt, und hart (*kang*).

Das Zeichen der Jugend (*yëu*) bedeutet mit dem Zeichen der Erde eine Grube *„furrow. ditch. a hollow place or pit."* Dieser Zeichenverbindung entspricht auch ein bildliches Zeichen, Fig. 6. Mit dem Zeichen der Höhle bedeutet das Zeichen der Jugend: Zurückgezogenheit *„Deep, profond. still. „retired. tranquil. applied in high commendation to the*

„temper of femals“ und kommt so auf eine direkte Bezeichnung des weiblichen Lebens. Den Indern ist jeder Berg ein *linga,* und jedes Meer eine *yoni* (von Bohlen, das alte Indien I. S. 208). Auch kommt das Zeichen *thuh*, Fig. 7, welches das umgekehrte von Fig. 6 heisst, und einen Berg bedeutet, förmlich mit der Figur überein, welche Paulin als *linga* abbildet.

Das Zeichen der Weichheit, *jéu*, besteht aus dem Zeichen des Speeres, *mëu,* und des Baumes, *muh,* und bedeutet: *„wood that will bend and straighten. soft, flexible wood. „soft. flexible. mild. yielding submissive. plants newly bud-„ding forth. young plants.“* So treffen diese Bedeutungen mit denen der Jugend, *yëu,* sehr nahe zusammen.

Das Zeichen des Alters, *ku,* besteht aus dem Zeichen der Zahl Zehn, *schih,* und des Mundes, *khëu,* und bedeutet: *„which has passed tradition by ten generations. remote ages. „ancient. old. long age.“* Das Alter wird dem *yang* als vollkommenerem Theile zugeschrieben, wie die Jugend dem unvollkommenen *yin* zukommt. Die Bedeutung der Vollkommenheit macht das Alter auch zu einem männlichen Attribute. So bedeutet das Zeichen des Alters mit dem Zeichen des Rindes, *niëu,* das männliche Thier *„male bullock. male of swine and „dogs.“* Es ist dieselbe Vorstellung, welche sich anderwärts findet (*Lucian de Syradea 35. Ἑλληνων δε και ἀλλων κατηγορευουσιν, ασοφιη μεγαλη εμμεναι, ατελεα ποιεισθαι τοις θεοις τα ειδεα, το δε νεον ατελες ετι νομιζουσι. Zoega de obelisc. p. 214. Senem et barbatum Hermetem arrecto membro faciunt, quod senum oratio foecunda.*) Das Zeichen der Härte, *kang,* besteht aus dem Zeichen des Messers, *tao,* und des Bergrückens, *kang,* Fig. 152, und bedeutet: *„firm. hard. stiff. „unyielding strength. fortitude. intrepidity. violence. re-„cently. just. now.“* Diese letztere Bedeutung der Neuheit, welche mit der vorigen Bezeichnung des Alters in Widerspruch zu stehen scheint, bezieht sich ohne Zweifel darauf, dass die Felsen nur bei frischer Spaltung scharf und schneidend sind, und mit der Zeit abgestumpft und äusserlich erweicht werden. Es heisst daher auch *„The soft (jéu) over-„comes the unbending (kang) the weak the violent by endu-*

„ring perseverence“ (*Morris.* unter dem Zeichen der Bewegung *thung*).

Die Vereinigung des Himmels und der Erde, des Harten und Weichen, oder des *yang* und *yin,* heisst *kiao-këu. „Këu, „meeting together. occurring or coming in contact. junction „of productive elements in nature. kiao-këu, union of hea„ven and earth for generation. union of sexes. the soft „meeting with the hard.“*

Kiao, Fig. 8, bedeutet die Verbindung. Die Gestalt des Zeichens wird bezogen auf das Zeichen der Grösse, *ta,* Fig. 9, welches eigentlich ein Bild des Menschen sein soll (*„they „consider the ta as a fuller representation of man“* das Zeichen des Menschen (Fig. 43. 71.) soll nämlich nur die beiden Arme vorstellen). Das Zeichen *kiao* soll aus dem Zeichen *ta* entstehen, indem die Linien, welche die Schenkel vorstellen, gekreuzt werden *„from ta. represents the legs „crossed. to blend. to unite. to connect. to deliver over to. „to exchange. intercourse of friends. kiao-kiao, appearence „of birds flying.“* Die Bedeutungen, zu welchen dieses Zeichen, welches die Kreuzung der Beine vorstellt, contribuirt, erinnern an die nordische Sage, nach welcher Ymirs Füsse mit einander einen Sohn erzeugen (Mohne, das Heidenthum im nördlichen Europa I. 317.). Dass *kiao* auch fliegende Vögel bedeutet, könnte über das, was durch das Zeichen vorgestellt werden soll, einigen Zweifel begründen; denn das Zeichen des abwärts fliegenden Vogels, *tschi,* Fig. 10, zeigt die Figur *kiao* umgekehrt, und einer Grundlinie zugewendet.

Das Zeichen *këu* besteht aus dem Zeichen der Frau, *niu,* und der Folge *hëu „hereditary prince. a king. to succeed or „be next to. after. behind. a queen.“* Die Erde heisst *hëu-thi,* Königin Erde, und der Himmel: *hwang-thien,* König Himmel. Dem Zeichen *këu* entspricht eines der vierundsechzig doppelten *kwa* (s. unten bei dem *kwa* des Windes).

Ehe die verschiedenen Bezeichnungen des *yin* und *yang* aufgezählt werden, ist noch das Beiden Gemeinschaftliche anzuführen. Einerseits haben beide die Unterordnung unter das *li* gemein, andererseits den Urstoff *khi,* aus welchem sie gemeinschaftlich entspringen. Demgemäss werden sie auch in der Bilderschrift bezeichnet, indem sie beide mit dem Wurzelzeichen der Luft, Fig. 1, geschrieben werden. Auch finden sich beide unter dem Wurzelzeichen des Regens, Fig. 38, und unter dem des Berges, *fëu*, Fig. 11. 12. 13. *Fëu* bedeutet: „*mound of earth. a hill without stones. high and* „*broad like a hill or mountain. great. large. fat. abundant.* „*numerous. plentous. raging like a large fire.*“ Diese Vereinigung von Bedeutungen erinnert an den Berg, welcher den Indern ein Bild des *linga* ist. (Das Weitere s. unten bei dem *kwa* des Berges). Die Bedeutung der Fruchtbarkeit ist am wenigsten auffällig, und lässt sich unmittelbar auf die steinlose aufgehäufte Erde beziehen. Die Vergleichung mit dem Feuer könnte vielleicht den Glanz des hohen Berges auf der von der auf- und untergehenden Sonne nicht beleuchteten Erde meinen. Sonst könnte der Erdberg auch nach seiner Substanz, aus welcher sich, wie aus dem Urstoffe, Alles machen lässt, betrachtet werden. Das Zeichen des Erdberges, *fëu*, mit dem Zeichen der irdenen Waare, *wa*, bedeutet ein irdenes Gefäss; indess der Urstoff selbst als Gefäss benannt worden ist, und die Welt zwar nicht ein Töpferofen, aber überhaupt ein grosser Ofen, *ta-lu*, heisst („*Heavens and earth* „*are a great furnace* (*lu*) *formation and transformation are* „*a great fusion.*“ *Rad. 15*, unter dem Zeichen der Schmelzung, *ye*.) Wahrscheinlich kann man ohne Zwang annehmen, dass bei Sammlung der Bedeutungen zu dem Worte *fëu* an verschiedene Arten der Erde gedacht ist, welche, in ihrem äussern Ansehen wenig verschieden, theils dem Gedeihen des Pflanzenlebens nützlich, theils zu Gefässen tauglich, theils endlich selbst brennbar, geeignet erscheinen, die manchfaltigen Fähigkeiten des Urstoffes zu versinnlichen. Ausserdem erinnert der Berg *fëu* an die grosse Erdscholle, *ta-khwai*. „*Clod* „*of earth. segment. fragment. piece. doltish. unintelligent as* „*a clod. The name of that which creates* (*tsao-wuh*) *is cal-* „*led ta-khwai* (grosse Erdscholle) *when heaven and earth* „*were first opened, the were in chaotic state, there were no* „*creatures, hence the whole was called ta-khwai, a great* „*clod.*“ Die Bedeutung der Einsichtlosigkeit erinnert an die blinde Prakriti oder die „bewusstlose“ Milch, und wird unten bei den Bezeichnungen des mütterlichen Lebens wiedergefunden werden. Das Zeichen *khwai* besteht aus dem Zeichen Geistes und der Erde, *thu* (Fig. 45), oder auch aus dem Zeichen der Erde innerhalb des Gefässes, *khan*, welche Verbindung in Fig. 14 ersichtlich ist. Dass hier das Zeichen des Geistes durch das des Gefässes vertreten wird, kann nicht auffallen, nachdem der Kaiser einmal die Seele und dann das Gefäss des Volkskörpers genannt worden ist. Es bleibt aber merkwürdig, dass die Erdscholle, welche augenscheinlich nicht durch äussere Mittel, sondern durch innere Cohäsion zusammengehalten wird, das Gefäss zu ihrem bezeichnenden Bilde hat, und man sieht daraus, in welchem Sinne der Urstoff, welcher den Hauch, die Anziehungskraft und das thierische oder pflanzliche Leben bedeutet, als Gefäss bezeichnet sein mag. Die Erdscholle wird durch jene Bilder deutlich als ein Resultat, als eine Verbindung des Geistes Puruscha mit der Trägerin Prakriti oder der Mutter Erde bezeichnet.

Der Urberg, *fëu*, kann der Grabhügel der vorigen Welt sein, oder der Altar, an welchem die Indische Lehre das Weltopfer vollbringen lässt. Er kann auch der Urleib (*linga*) sein. Das Zeichen des Berges, *hui*, bedeutet zugleich die Gestalt „*external form, figure and shape;*" und das Zeichen des Hügels (Fig. 60) bedeutet in Verbindung mit dem Zeichen des Körpers, *schin*, den Körper. Der Hügel ist das, was sich von der allgemeinen Fläche durch Aufrichtung und begrenzte Gestalt uuterscheidet. (cf. Fig. 106.)

Die unterscheidenden Bezeichnungen des *yang* und *yin* sind folgende:

Yang wird mit dem Zeichen der Sonne, und *yin* mit dem des Mondes geschrieben. Auch heisst es „*kien-khwen*, „*heaven and earth, sun and moon, superior and inferior.*" Uebrigens steht der Mond zu der Sonne in etwas anderem Verhältnisse, als die Erde zu dem Himmel. Während Himmel und Erde als Fürst und Fürstin benannt werden, werden Sonne und Mond als Fürst und Diener bezeichnet. „*Full moon* „*in direct opposition of sun, like a minister standing before* „*the prince.*" (*Rad. 74* unter dem Zeichen *wang.*)

Die Sonne, *ji*, ist kaum von dem *yang* selbst zu unterscheiden. („*The sun, wh. is the essence of the principle* „*yang*" *Rad. 31* unter dem Zeichen der Sonne.) In den bereits oben angeführten Worten wird das *yang* geradezu als Sonne bezeichnet „*yang or light,*" auch findet sich unter den Bedeutungen des Zeichens *yang* „*splendid. the sun light.*"

Dass dem *yin* dagegen bald der aufsteigende Dunst, bald der Mond, auch wohl das Wasser und die Erde zu entsprechen scheint, kann um so weniger Anstoss geben, als dem *yang* die ungerade Zahl und Einheit, dem *yin* die gerade Zahl, und also auch wohl die Vielheit entspricht.

Die Sonne, *jih*, erscheint in Zusammensetzungen dem astronomischen Zeichen gleichförmig, (wie in Fig. 29, 47) wo sie dem Augapfel nachgebildet zu sein scheint. Die Figuren, Fig. 15. 16. 17. 18. sind merkwürdig, weil sie augenscheinlich die Sonne nicht für sich, sondern mit Zuthaten darstellen, zum Theil, als wenn die Sonne durch Wolken oder andere dunkele Decken hindurch schiene, und dadurch in ihrem regelmässig runden Umkreise beeinträchtigt wäre. (Fig. 15. 17.)

Die Sonne erscheint nicht als eine entschieden männliche Macht. Der Kaiser heisst *hwa-jih* (*hwa* Fig. 87) *„transforming sun.“* Diese verwandelnde Wirkung der Sonne bezieht sich zumal auf die Erde, und von der Erde heisst es daher *„earth denotes change perpetual“* (unter dem Zeichen der Erde *thi*). Die Verwandlung bezieht sich aber auch auf die irdischen Erzeugnisse, und auf das Wasser *„All things advance and increase when the sun goes forth“* (unter dem *Rad.* der Sonne unter dem Zeichen des Fortschrittes *tsin*). Zumal wird die wasserziehende und trocknende Eigenschaft der Sonne hervorgehoben. Das *yang* selbst wird trocken genannt, im Gegensatze des feuchten *yin*. Die trocknende Sonne wird geschrieben mit dem Zeichen des Tödtens, *scha,* mit dem Zeichen des Schildes, *kan,* was an die Speere und Waffen als Bilder der Pflanzenkeime und aufsteigenden Nebel erinnert (cf. Fig. 30) und auch mit dem Zeichen des weidenden Hirsches *„li, stag walking alone in searching food.“* Diese Zeichen sind in der genannten Bedeutung mit dem Zeichen der Sonne verbunden. Dem Zeichen *pao* aber, welches bedeutet: *„fierce rays of sun. scorching. cruel. destructive of life. cruelties. fierce boisterous wind. storm. to dry in sun. manifest. exhibit“* entspricht nicht nur eine Zeichenverbindung, welche unter dem Zeichen der Sonne das Zeichen des Aufgehens und das des Wassers oder des Reiskornes zeigt, sondern auch eine andere Zeichenverbindung, welche aus dem Zeichen des Tigers, der Fussspur und der Perle besteht.

Das Zeichen des Tigers, *hu*, verbunden mit dem Zeichen der Fussspur, *wu*, bedeutet „*to encroach by violence. cruel.* „*fierce.*" Dazu das Zeichen der Perle oder Muschel, *pei* („*tortoise shell. pearloyster. pearl. shell, wh. were used as* „*a circulating medium in exchange. pei used before for* „*material objects generally*") zeigt sich als Gegenstand der Bemächtigung. Die Sonne findet damit eine Bezeichnung, welche der des männlichen Thieres und der des Individuums sehr ähnlich ist (cf. Fig. 144). Auch werden sich unten in den Bezeichnungen des mütterlichen Lebens Aehnlichkeiten mit den Eigenschaften der Sonne wiederfinden. Die Bedeutung der Zerstörung ist sehr wesentlich. Auch das Zeichen des Himmels (Fig. 37) verbunden mit dem Zeichen des Mundes, *khëu*, bedeutet zerstören und verschlingen.

Das *yang* wird auch bezeichnet mit dem Zeichen des Berges, *fëu*, und der Ausbreitung, *yang*. Dieses letztere Zeichen scheint als eigentlich und wesentlich betrachtet werden zu müssen, wie man schon aus dem Gleichlaute schliessen kann. *Yang*, Fig. 19, bedeutet: „*to open, expand, spread* „*wide, like the beams of rising sun. bright. splendid*" und diese Bedeutungen treffen mit denen des *yang* nahe zusammen. Die Bedeutungen, welche dieses Zeichen in andern Verbindungen annimmt, sind sehr bezeichnend. Das Zeichen der Ausbreitung bedeutet nämlich mit dem Zeichen der Sonne: in der Sonne trocknen; die aufgehende Sonne. Mit dem Zeichen des Feuers: durch Feuer austrocknen. Mit dem Zeichen des Wassers: heisses Wasser „*hot water. water chan-* „*ged by fire from its original state*"; das ist ausgebreitetes dampfendes Wasser. Mit dem Zeichen des Fleisches: die Eingeweide „*the parts, wh. give expansion to the sub-* „*tile fluids of the stomach. the intestins. bowels. the seat* „*of affections.*" Mit dem Zeichen der Hand: aufregen, ausbreiten, schwingen „*dash as spray.*" Mit dem Zeichen der Frau: ausschweifend „*dissolute dissipated.*" Das stimmt ganz mit dem überein, was oben, zu Fig. 6, über die dem weiblichen Wesen angemessene Zurückgezogenheit gesagt worden ist. Mit dem Zeichen des Mundes: prahlen. Mit dem Zeichen des Geistes, *schi* (Fig. 85): den Geist des Weges „*spirit of road or high way.*" Mit dem Zeichen des Pfeiles: verwunden. Das folgt aus der Bedeutung der Eröffnung.

Daher ist die Wunde auch ein Bild des Anfanges. Mit dem Zeichen der weissen Farbe: hell scheinend, glänzend. Mit dem Zeichen des Fusses: vorwärtsgehen. Mit dem Zeichen des Windes: was von dem Winde getrieben wird *„driven „and spread about by the wind. applied to a vessel driven „by the wind, to birds flying away, to great swelling words, „and to winnowing of corn.“*

Ueber die Zusammensetzung des Zeichens würde man nicht in Zweifel sein, wenn nicht die Zusammensetzung des ähnlichen Zeichens, *yih* (Fig. 20), wider Erwarten erklärt würde, indem der untere Theil des Zeichens, welchen man nicht nur in der neueren, sondern auch in der alten Schriftform für das Zeichen der Negation, *wuh*, halten sollte, für das Zeichen des Mondes erklärt wird. Dieselben Züge bilden den unteren Theil des Zeichens *yang*, und dasselbe unterscheidet sich von dem Zeichen *yih* nur dadurch, dass zwischen dem unteren und oberen Theile eine wagerechte Linie eingeschoben ist. Der obere Theil ist das Zeichen der Sonne. Wenn man zu demselben, wie am nächsten liegt, die wagerechte Linie rechnet, so bedeutet diese Verbindung den Morgen, *tan „sun rising above the horizon, which is represen- „ted by the lower line. morning. clear. bright. luminous. the „first day of year. god or spirit.“* Dieses Zeichen, verbunden mit dem Zeichen der Negation, *wuh*, würde einen sehr angemessenen Sinn geben, zumal da die durch den Wald scheinende Sonne auch die Negation bedeutet. ***Wuh*** bedeutet eigentlich ein Zeichen *„wuh represents a flag or stand- „ard formerly erected in districts, to invite the people. „wuh-wuh, moving in haste. — used as prohibitiv: not. do „not. wuh denoting substance and thing was originally this; „after added niëu* (Rind) *to distinguish it from the first.“* Diese Zeichenverbindung, bestehend aus der Fahne und dem Rinde, welche an Çivas: *Govrischadhwája*, Stierfahne, erinnert, bedeutet: *„every creature or thing situated between „heaven and earth. what ever is material. a thing. a crea- „ture. article of commerce. class or sort. affairs of life. „business.“* So ergäbe dieses Zeichen wiederum eine Vereinigung des Geistes und des Stoffes. Hierbei bliebe der untere Theil des Zeichens nur als eine Auslegung der wagerechten Linie, welche die Grenze des Himmels und der Erde bezeichnet, zu betrachten.

. Das Zeichen der Verwandlung, Fig. 20, bedeutet: *„sun and „moon, because the one goes, when the other appears. change. „alteration. to cut down plants and trees, to cultivate the „field.“* Diese letzte Bedeutung spricht zu Gunsten der Erklärung, dass Sonne und Mond verbunden seien, weil sie wechselweise erscheinen. Aber es kann nicht übersehen werden, dass noch eine andere Deutung möglich ist, indem die Sonne als *yang* die verwandelnde heisst, und der wechselnde Mond, im Gegensatze der beständigen Sonne, von dieser bestimmt und verwandelt erscheinen kann.

Der Mond bildet zwei verschiedene Wurzelzeichen. Das eine heisst *yiuëi*, und bedeutet den Mond und Monat. Das andere heisst *sik*, und bedeutet den Abend *„half of moon „appearing at sunset. evening. evening of day, month and „year. inclined. at right angles.“* Das Bild des Vollmondes kommt nicht vor. Das Zeichen *sih* kommt als regelmässig gekrümmte Mondsichel oder als eben so regelmässiger Halbmond vor, während es gewöhnlich wie Fig. 24 gestaltet ist, und damit dem Zeichen des Wahrzeichens (Fig. 102) sehr ähnlich wird. Das Zeichen *yiuëi* hat vielerlei Gestalten, wie Fig. 21. 22. 23, und wird den Zeichen des Auges, des Herzens, des Fleisches, des Wortes, des Schiffes, des Siegels und der weissen Farbe bis zur Ununterscheidbarkeit ähnlich. Es finden sich verschiedene andere Andeutungen, aus welchen man schliessen kann, dass diese Gleichförmigkeit nicht zufällig, sondern absichtlich ist. Was zuvörderst das Auge betrifft, so heisst es bei der Erklärung des Zeichens *po* (*Rad. 85*) *„shining brightness as of eye and moon.“* Andererseits ist der Mond schon mit dem Diener, *tschin*, verglichen worden, und das Zeichen desselben (Fig. 136) wird in einer Form dem Zeichen des Auges ganz gleichförmig. Eine Vergleichung des Mondes mit dem Herzen wäre denkbar, insofern die Inder den Mond, oder die Kraft desselben, in das Herz eingehen lassen. Zu dem Fleische findet sich ausser der Gleichförmigkeit keine erweisliche Beziehung. Mit dem Worte trifft der Mond schon durch den Laut zusammen, indem *yiuëi* auch das Wort bedeutet. Andererseits wird das Zeichen des Namens, *ming*, geschrieben mit dem Zeichen des Mondes, *sih*, und des Mundes, *khëu „evening and moon, because in dust it is neces- „sary, to call one's name, in order to be known.“* Zu dem Schiffe findet sich keine ausdrückliche Beziehung. Allenfalls könnte man den Mond als Zeichen des *yin* mit dem Schiffe als einem weiblichen Symbole vergleichen. Es giebt Zeichenverbindungen, in welchen Einige den Mond, Andere das Schiff erkennen. Zu dem Siegel zeigt der Mond keine andere Beziehung, als in seiner Eigenschaft als Diener; denn das Siegel, *tsiëi*, empfängt der Diener von dem Fürsten als Vollmacht. Der Mond wäre damit gleich dem männlichen Individuum bevollmächtigt. Das Zeichen der weissen Farbe, *pih*, Fig. 25, *„white. clear. explicite. manifest. to explain, or „make manifest. obvious,“* tritt in mehrfache Beziehung zu dem Monde und dem *yin* selbst. Die Gestalt des Zeichens macht es wahrscheinlich, dass dasselbe aus dem Zeichen der Sonne oder des Mondes gebildet ist. Dasselbe bedeutet mit dem Zeichen des Geistes, *kwei*, den geistigen Theil des Principes *yin*, das *phih „the sentient principle. animal soul. the „spiritual part of the yin principle. Phih is also defined: „form, figure. The lung contains the phih. Phih is the „spirit attached to the material form of man. Phih is that „in the ear and eye, which hears and perceives. Phih is the „mans yin-spirit (yin-schin). Phih-mun, inferior end of co- „lon.“* Um von dieser letzten Bedeutung zu reden, ist zu bemerken, dass das Zeichen des Urstoffes, *khi*, mit dem Zeichen der Höhle, *hiuëi*, bedeutet: *„air passing off below. to „break wind backwards.“* Dieser Bedeutung entspricht das Wort *phi*, welches sonach dem *yin*-Theil der Seele, *phih*, verwandt zu sein scheint. *Phih-mun* bedeutet die Thür des *phih*. Die Seele, *phih*, wird auch mit dem Zeichen der weissen Farbe und des Herzens, *sin*, geschrieben. Diese Zeichenverbindung bedeutet zugleich den Mond *„body of moon dar- „kened. moon beginning to shed light; hence: to usurp. to „encroach upon by force.“* Diese letzte Bedeutung ist bemerkenswerth, indem sie schon bei der trocknenden Sonne vorgekommen ist, und bei den Bezeichnungen des männlichen Lebens wiederkehren wird. Mit dem Zeichen des W a s s e r s bedeutet das Zeichen der weissen Farbe: den Quell *„the „source of a stream.“* Mit dem Zeichen der E i n h e i t: hundert *„one and clear. one distinct round number.“* Mit dem

Zeichen der Begegnung (Fig. 8) die Farbe des Mondes und der Sonne „*lustre of moon. the shining whiteness of sun.* „*white colour.*“ Mit dem Zeichen des Kuhmaules (Fig. 123) das Licht des Himmels „*light of heavens. white luminous* „*appearence of sky.*“ Mit dem Zeichen der Höhe: den weissen Horizont „*the white light around the horizon.*“ Die Farbe des Wassers heisst weiss „*colour of water appearing* „*a deep white.*“ Das Zeichen der weissen Farbe bedeutet endlich mit dem Zeichen der Wolke: das *yin* selbst. Alles dieses zusammengenommen, scheint anzudeuten, dass die weisse Farbe als ein Mittel zwischen dem Lichte und der finstern Körperwelt erscheinen soll, wie sie sich in weissen Nebeln, in dem weissen Horizonte, in beleuchteten Wolken und Rauchsäulen zeigt. Eben so steht die Seele *phih* zwischen der Seele *hwen* und dem Körper. Eben so steht der Mond zwischen der Sonne und der Erde.

Das *yin* wird ferner bezeichnet mit dem Zeichen des Wassers, dem entsprechend, das *yang* mit dem Zeichen des Feuers.

Sodann findet sich in der neueren Schrift eine Zeichenverbindung aus dem Zeichen des Regens und der Gegenwart, *kin.* Auch zeigt die neuere Schrift das Zeichen der Gegenwart mit dem Zeichen der Wolke, *yun*, verbunden. Fig. 26 zeigt links das Zeichen des Berges, *fëu*, rechts die genannte Zeichenverbindung, in welcher der untere Theil das Zeichen der Wolke ist, indess der obere nicht bestimmt für das Zeichen der Gegenwart erklärt werden kann. Die Gegenwart würde indessen eine angemessene Bezeichnung für das *yin* geben, da das Zeichen *tschi* die Gegenwart und zugleich den gröberen körperlichen Theil bedeutet. Eine andere Bezeichnung des *yin* zeigt der Berg, *fëu*, verbunden mit dem Zeichen der Zauberei, *wuh*, und der Beistimmung (Fig. 160). Dieses letztere Zeichen bedeutet eigentlich einen Baum aushöhlen, um ein Boot zu machen. Die Zauberei wird erklärt als ein Verkehr mit Geistern. Insofern *yang* der Geist ist, könnte in diesem Zeichen angedeutet sein, dass *yin* in einem solchen Verkehre mit dem *yang* stehe, welches sich in den Körper des *yin* verbirgt, und denselben, indem es getragen wird, treibt und lenkt, wie der Puruscha als Geist die Prakriti. (*Lassen a. a. O. Dist. 21. Conjunctio genii* (Puruscha) *atque procreatricis* (Prakriti) *fit, licet claudi veluti et caeci.*)

Wenn man nun das, was von dem *yang* und *yin* gesagt ist, zusammenfasst, so findet man die Vergleichungen bereits so weit gediehen, dass die meisten Unterschiede verwischt werden, indem die Eigenthümlichkeiten, welche dem einen Extreme zugesprochen werden, bei dem andern nicht fehlen. Die Extreme berühren sich also nicht, sondern vermischen sich. Um diese Ungehörigkeit zu compensiren, nimmt man eine wiederholte Complication der Extreme in den Einzelwesen an, so dass eine binäre Verbindung, in ihre Elemente zerlegt, vielleicht zu einer achtfachen wird. Das zu bemerken, bietet die Bilderschrift eine vorzügliche Gelegenheit. Man kann sich leicht überzeugen, dass jene, durch die Bilder angedeutete, wiederholte Complication nicht ein Werk des Zufalls, oder der Unbehülflichkeit ist. *Yang* und *yin* sind die zwei Theile des *khi.* Das *khi* selbst heisst nur der feinere Stoff. Also ist der gröbere Körpertheil nicht mit genannt. Auch das oberste geistige Princip, *li,* welches in die Einzelwesen eingegangen *sing* heisst, ist ebenfalls nicht namhaft gemacht, indem von diesen Principien gesprochen wird. Also fehlen noch die beiden äussersten Theile des Ganzen. Aber das genannte Mittlere wird noch weiter zertheilt, wie vor der Hand nur die Nennung eines *yin*-Theiles der Seele zeigen mag. Der Körper selbst ausserhalb des *khi* wird noch ferner unterschieden in einen feineren Theil, *tsing,* und einen gröberen, *tschi;* und andererseits wird noch über dem *li* ein höheres vorausgesetzt. Aus diesen vielfachen Complicationen sucht man nun die Unbestimmtheit der Begriffe, und die schwankende uud dunkele Zeichnung der Bedeutungen zu erklären. Auf solchem Wege scheint es zu den erläuterten Lehren gekommen zu sein. Man möchte sich kaum versucht fühlen, anzunehmen, dass die Lehre in ihrer vorhandenen Gestalt ein reines Ergebniss der Reflexion und folgender consequenter Gedankenentwicklung darstelle. Vielmehr scheinen die Gedanken sich ohne Zuthun und gleichsam hinter dem Rücken des Denkers oder in dem Traume mit natürlicher Folgerichtigkeit entwickelt zu haben, um, wenn es bis zum Widerspruche gekommen ist, den Geist herauszufordern, dass er die willkürlichen und einseitigen Vorstellungen nicht verlasse und verleugne, sondern durch eine geniale Wendung in das Geleis der Wahrheit zurücklenke. Ein solches Streben zur Einlenkung, mit vollständigerem und geringerem Erfolge, scheint in diesen Lehren unverkennbar vorzuwalten. Dabei bleiben freilich die Grundzüge der Lehre selbst ungerechtfertigt. Es möchte unmöglich sein, in der Welt eine solche Wechselfolge von Principien nachzuweisen, wie das *yang* und *yin* in ihren Wiederholungen darstellen, indem das *yin* der höheren Stelle, das *yang* der unteren ersetzt, so dass die einzelnen Dinge unter diese Principien oder Extreme in der Art geordnet sind, wie die chemischen Elemente zwischen die elektropositiven und negativen Endpunkte, wo ein Stoff bald als positives bald als negatives Element sich mit einem andern verbinden kann, je nachdem der letztere dem positiven oder negativen Endpunkte näher steht, als der erstere. Durch diese Anordnung der Reihe wird die für die subjektive und symbolisirende Naturlehre sehr willkommene Anweisung gegeben, die gleichen Eigenschaften und Merkmale auf den gegensätzlichen Stellen wiederkehren zu lassen. Wenn dem *yang* ausser den Bedeutungen des Lichtes, der Höhe und der Aktivität noch irgend etwas zugeschrieben wird, so erlangt es damit die Eigenschaften des *yin*. Das gilt von der ganzen Reihe der Bezeichnungen, wie sie sich aus den lexikalischen Erklärungen ergiebt, und wie sie schon von *Couplet* (*Confuc. sinar. philosoph.*) aufgezählt wird *„linea non interrupta: perfectum, „solidum, felix, fortunatum; Interrupta: imperfectum, luna, „aqua, frigus, nox. foemina. humor nativus, morbi, calami- „tates. Perfectum vero: coelum, sol, ignis, calor, dies, mas- „culus, nativus calor, valetudo, fortuna. Perfecti pro- „prium est sese manifestare, prodire foras, movere, dila- „tare, rarefacere, ascendere, augere, aperire; Imperfecti „vero proprium: sese abscondere, introire, quiescere, re- „stringere, condensare, descendere, imminuere, claudere.“* Von der Sonne, welche dem *yang* entspricht, heisst es: *„light „of sun overshadowing and including every thing.“* Dagegen heisst die Erde, welche dem *yin* entspricht, die offenbarende und hervorbringende. Die besitzergreifende Anmassung, welche bei dem *yin*-Theile der Seele gefunden wird, ist allerdings eine Ausdehnung über das eigene Gebiet, dergleichen dem *yang* zukommt, und darin nicht unterschieden von der Kraft des Himmels, *kien*, oder der trocknenden Kraft der Sonne, welche ergreift und anzieht. Hauptsächlich aber ist diese Anmassung eine Zusammenziehung und Sammlung auf den eigenen Heerd, und diese Sammlung steht mit der Schliessung und Bedeckung gleich. Daher wird auch das Sammeln, *tsëu*, mit dem Zeichen der Decke geschrieben, weil „*for incollecting things, it is necessary to cover them.*" Und gerade diese Bedeckung und Verschliessung zeigt sich wieder von dem Himmel ausgeübt, indem der Mund des Himmels verschlingen bedeutet. Weiter ist der zunehmende Mond ein ausdrückliches Bild der Anmassung und Ausdehnung. Es mag nicht fern liegen, die Lichtzunahme als eine eigenmächtige und gewaltsame zu betrachten, da sich Dinge zeigen, welche von dem Lichte nicht erhellt werden, sondern dunkel bleiben. Dieser zunehmende Mond bedeutet den *yin*-Theil der Seele, welcher sieht, hört etc. Hierin ist dieselbe Besitznahme; denn die Sinne bemächtigen sich der Welt. Nun bedeutet *yin* auch die männlichen Organe, und auch diese üben eine gewaltsame Anmassung, insofern sie dem Keime bei seiner ersten Geburt einen neuen Ruhepunkt zueignen. Diese Besitzergreifung scheint hier als der Sinnesverrichtung ganz ähnlich zu gelten. Auch die Naturphilosophie hat diese Aehnlichkeit gefunden, indem sie alle Empfindung als eine Aktion von dem Gehirne aus zu der Peripherie, also ebenfalls als ein Hinausgehen, betrachtet (cf. Oken, das Universum als Fortsetzung des Sinnensystems. S. 8).

Von Himmel und Erde.

Von dem Himmel heisst es: „*As substance and figure (hing-thi) heaven is called thien; as inward active principle (sing-tshing) it is called kien.*" *Kien*, Fig. 27, entspricht dem Kwa des Himmels, ☰, und bedeutet: „*issuing forth upwards. firm. strong. diligent. man partakes of strenght and firmness (kang) of kien. advancing. going onward without intermission. dry. dried up. kan-muh, take, unfair and underhand profit.*" *Muh* bedeutet: „*to exceed. transgress. covet. sink. terminate. end. die. a negative. to impoverish. to enrich at the expence of another person,*" und besteht aus dem Zeichen des Wassers, *schui*, und der Hand unter Wasser, *mu* „*hand below water. to take any thing* „*out from amongst water. to dive into water in order to* „*take out something.*“ Fig. 28. Diese Bedeutungen erinnern an die trocknende Sonne und an die Bedeutung der Trockenheit, welche *kien* hat. Das Zeichen *kien*, Fig. 27, besteht aus dem Zeichen des Sonnenlichtes, *kan*, und dem Zeichen *yih*, der gebogenen Linie, welche rechts unter dem Dache des Winkels steht. Dieses *yih* stellt einen Keim vor „*represents the curved end of plants, issuing forth in spring.* „*bent. curved. one.*“ Ueber die Bedeutung dieses Zeichens in dem Zeichen *kien* sagt die Erklärung: „*from yih, which* „*denotes here the pervading principle of matter.*“ Ganz ähnlich bedeutet das Bild der aufgehenden Pflanze, *tsai*, den Stoff im Allgemeinen, und das Bild des Aufenthaltsortes (Fig. 114) bedeutet zugleich den ersten Keim, weil derselbe der Aufenthaltsort der folgenden ist. Dieses Bild des Keimes unter dem Dache des Sonnenlichtes deutet zuvörderst auf den Aufgang des Keimes unter dem Einflusse der Sonne, welche Alles bedeckend („*overshadowing*“) die Gestalten hervorzieht („*when the sun goes forth, all things go forth*“). Dieses Hervorziehen der Pflanzen wird auch in dem Zeichen des Himmels, *thien*, beschrieben, indem dasselbe mit dem Zeichen des Krautes, *tsào*, und des Ziehens, *i*, geschrieben wird. Das Aufgehen der Kräuter wird mit dem Aufsteigen des Staubes und Wasserdunstes mehrfach verglichen, und das Aufbrechen der Erde, mag es von dem Treiben der aufgehenden Keime oder der Quellen, oder unter dem dörrenden Einflusse der Sonne geschehen, soll immer dasselbe sein.

Kien und *muh* sind daher verwandte Zeichen, und werden selbst gleichbedeutend, wenn das erstere einseitig die Wirkung des Himmels auf das Wasser bedeutet.

Der Keim, welcher in dem Zeichen *yih* die Einheit bedeutet, erinnert an den Samen als Anfang, indess er in dem Zeichen *khiu* (Fig. 114) den Aufenthaltsort bedeutend, an die Vielheit erinnert. Das Zeichen der Weichheit und Nachgiebigkeit, *jĕ̈u*, bedeutete ebenfalls die ersten Keime, und gab das Beiwort des *yin*. (cf. Fig. 30.)

Etwas Aehnliches wird in dem Zeichen des Morgens, *tsao*, vorgestellt. Fig. 29. Der obere Theil ist das Zeichen der Sonne, das Kreuz bedeutet den Panzer, *kia „first buds „of plants. first budding forth of any thing. to begin. ar- „mour. clothing. scales of a fish. elytra of insects. nails of „fingers.“* Die Sonne steht über dieser Schale, ohne Zweifel, um dieselbe aufzubrechen; denn wenn die Sonne aufgeht, gehen alle Dinge auf. Das Zeichen *kia* bedeutet die Schale und den Keim selbst, weil der erste Keim die harte Decke des Samenkorns oder des im Winter verhärteten Auges über sich hat, und dieselbe zum Theil noch wie eine Kopfbedeckung beibehält. Daher bedeutet *kia* auch den Helm, und das Zeichen des Morgens wird erklärt: *„sun on top of a helmet. „morning. early. soon. to be beforehand.“* Die offene Thür (Fig. 121) bedeutet den Morgen und Frühling, und da diesen Zeiten jede Art der Eröffnung zugeschrieben wird, so ist anzunehmen, dass auch die Morgensonne die Eröffnung der Schale, über welcher sie steht, vorbedeute. Diese Eröffnung ist hier eine Schälung. Man erinnert sich, dass *Zoëga (de obelisc. S. 229 sq.)* den Namen Phallus von *φηλαν, decorticare,* erklärt. Da nun die Sonne mehrfach als männliches Princip bezeichnet wird, so fände man hier Gelegenheit, jene angebliche Bedeutung geltend zu machen. Die Erde, und nochmals der hervorgebrachte Keim, würde daher durch die Sonne aufgebrochen werden, wie in der persischen Mythe durch den goldenen Dolch. Diese Eröffnung mittels einer Waffe zeigt das Zeichen des Frühlingsaufganges *yuh,* Fig. 30, *„to bore into, as with a spear. to expand. spread out, as „in the spring season.“* Der obere Theil ist das Zeichen des Speeres, *mëu,* der untere das Zeichen des Stammelns, *no, „difficulty of utterance. an impediment of speech. slowness „of speech. stammering.“* Dieses Zeichen besteht aus dem Zeichen der Innerlichkeit, Eingeschlossenheit, *nuy,* und des Mundes, *khëu.* Man sieht, dass der Speer, welcher durch sein Hinzukommen die Bedeutung der Eröffnung und Ausdehnung giebt, das genannte Hinderniss der Aeusserung beseitigt, und das Ausbrechen befördert, welches als die Thätigkeit der Erde genannt wird. Es bleibt nur in Zweifel, ob der Speer den treffenden Sonnenstrahl oder den von unten aufgehenden Keim bezeichnet. Man wird sich für das letztere entscheiden müssen. Das Zeichen des Speeres bedeutet mit dem Zeichen des B a u m e s: das Weiche, biegsames Holz, frische Keime, *jëu*, mit dem Zeichen des Waldes: üppiges Grün *„luxuriant „free growing plants."* Mit dem Zeichen des Haares: *„ex„uberance of vegetation."* Mit dem Zeichen des Krautes: *„reeds or rushes, wh. grow high out the ground."* Mit dem Zeichen des Regens oder der Wolke: den Dunst *„the va„pour of heaven descending to the earth. some sag: the va„pour of earth ascending to heaven."* Mit dem Zeichen der Sonne findet sich der Speer nicht verbunden, dagegen bedeutet das Zeichen des Schildes, *kan*, mit dem Zeichen der Sonne: *„abounding, said of light. resplendant: motion of sun. ap„pearence of abundance and flourishing state of"* und in anderer Stellung: Trockenheit *„want of rain. drought."* Speer und Schild aber, *mëu-schun*, heissen entgegengesetzte Dinge *„two things opposed each other."* In gleichem Gegensatze stehen Keim und Sonne. Der erstere wird von der letzteren herausgefordert, um endlich an der Härte, welche die Eigenschaft des *yang* ist, zu brechen.

Zwei Beiworte, welche dem Himmel und der Erde gegeben werden, scheinen diese Verhältnisse noch näher zu erläutern. Der Himmel heisst das Obere, die Erde das Untere *thien-tsun-thi-pei. Pei*, das Zeichen des Unteren besteht aus dem Zeichen des Panzers, *kia*, und der linken Hand, *tso*. Fig. 31. *„inferior. low. mean. vile. base. humble."* Da der Panzer den ersten Keim bedeutet, und das Zeichen des Keimes in Fig. 27 den Stoff im Allgemeinen und zunächst das Wasser bedeutete, weshalb auch das Zeichen *kien* gleichbedeutend mit Fig. 28 wurde, so hat man zuvörderst Veranlassung, die Hand unter dem Wasser mit der Hand unter dem Panzer zu vergleichen. Das war die Hand des Himmels, welche das Wasser selbst oder die Perle der Nahrung aus demselben hervorzog. Die Perle bedeutete ebenfalls den Stoff im Allgemeinen, und die trocknende Sonne ist oben in dem Bilde des Tigers, der die Perle ergreift, beschrieben worden.

Das Zeichen der Hand ist mit dem des Pflanzenkeimes gleichförmig, und so kommt es, dass das Zeichen des noch unter der Erde geborgenen Keimes, Fig. 57, dem Zeichen der Hand unter dem Panzer sehr ähnlich ist, zumal wenn der Panzer, wie in Fig. 29, als einfaches Kreuz erscheint. Die Bedeutungen des Zeichens sind dem *yin* als untergeordnetem und dienendem Wesen angemessen. Eine ähnliche Darstellung möchte man in Fig. 31 vermuthen. Der Panzer, *kia*, bedeutet die Hülse oder Schale, die Hand mag das wirksame Glied, den Keim, bezeichnen, welcher durchbricht. Dieser wirksame Keim ist ebenfalls die Hand des Himmels; denn der Same ist der Erde nicht eigen, sondern nur eingegeben und überliefert.

Das Zeichen des Oberen, *tsun*, besteht aus dem Zeichen des Weingefässes und zwei darreichenden Händen *„wine vessel and two hands presenting it to the superior. honorable. „noble. eminent. you. your.“* Fig. 33. In dieser Figur sind die abgebildeten Hände die des Dienenden, wie die Hand in Fig. 31 die des Herrn war. Das Uebrige beider Figuren ist so ziemlich gleich, nämlich der Panzer ist dem Weingefässe ähnlich. Das Weingefäss, *yëu*, bedeutet: *„matured. finished. „completed. applied to nature. evening. full. old. satiated.“* und ist gleichbedeutend mit der geschlossenen Thür, Fig. 34, *yëu*, *„to shut the door at sunset. to finish or perfect. it. i. „q. yëu, wine. mao* (Fig. 121) *denotes the gate of spring, „when nature goes forth, and yëu the gate of automne, „when nature enters, and the door is shut, what is repre- „sented by the stroke at the bottom.“* Das Weingefäss ist also verschlossen, und der Obere hat dasselbe, wenn es ihm dargereicht wird, zu eröffnen. Anstatt des Gefässes *yëu* wird auch das Zeichen des Weines, *tsiëu*, Fig. 32, geschrieben, welches aus demselben Zeichen des Gefässes und dem Zeichen der Theilung (Fig. 42) besteht. Dieses Zeichen des Weines, *tsiëu*, bedeutet mit dem Zeichen des Leibes, *schi*, *„privities of woman.“* Auch die Inder vergleichen das weibliche Princip mit einem berauschenden Getränke. Hierher gehört es, wenn gesagt wird, das *yin* oder der dunkele Dunst, verdunkele das *yang* oder Licht. Man sieht, dass alle diese Bezeichnungen einander sehr verwandt sind, und dass bei den entgegengesetzten Principien das Gleiche wiederkehrt, was allerdings in dem gegenwärtigen gründlicher gerechtfertigt erscheint. Auch das Zeichen des Unteren, Fig. 31, bedeutet mit dem Zeichen der Thür: *„vulva, uterus.“*

Der Himmel heisst *tshing-ping*, nnd die Erde: *tshing-mëu.*

Das Zeichen *tshing*, Fig. 35, bedeutet: *„colour of plants, „when first growing out of the ground. a light green. sky*

„coloured. azure. pale.“ Blau und Grün werden mehrfach gleichgenannt. Auch das Wort *tshang* bedeutet: *„colour of „plants. green. applied to heaven. azure.“* Das Zeichen *tshing* scheint die aufgehende Pflanze abzubilden. Der untere Theil des Zeichens heisst *tan*, und stellt einen Stein im Brunnen vor *„carnation coloured stone. the dot: the stone; „the utter part: the well. carnation colour.“* Der Stein in dem Brunnen erinnert an den rothen Speer der japanischen Mythe: *„Ils dirigaient en bas (de l'eau) une pique céleste „de pierre précieuse rouge; les commentateurs disent, que „ces mots désignent le membre viril“* (Klapproth *Ni-pon.*) auch wohl an das Zeichen der Wischnuiten, welches eine rothe Linie zwischen zwei weissen zeigt.

Unter den chinesischen Zeichen selbst könnte man das Zeichen des Blutes (Fig. 136) vergleichen, indem dasselbe aus dem Zeichen des Gefässes und einem Striche, welcher das hineinfliessende Blut vorstellt, zusammengesetzt ist. Von dem Zeichen *tan* unterscheidet sich das Zeichen des Brunnens, *tsing*, so unmerklich, dass man eben so wohl das letztere in Fig. 35 finden kann. In dem Zeichen *tsing* bedeutet der Punkt innerhalb des Umkreises den Eimer *„bucket passing down.“* Dieser Eimer würde hier an die Pflanzenwurzel erinnern, welche in dem Zeichen der Wurzel, *pun*, durch das Bild des Mundes angedeutet wird.

Die obere Hälfte der Figur ist ebenfalls zweideutig. Man kann dieselbe sowohl für das Zeichen des Lebens und Gebährens, *seng*, Fig. 174. als auch für das Zeichen der Flamme, des Herren, *tschu*, halten. Die Figur zeigt eine Form, welche dem ersteren Zeichen eigentlich, und dem letzteren uneigentlich zukommt. Aus dem Brunnen geboren könnte man das aus der Erdspalte aufgehende Kraut passend nennen. Indem das Zeichen *tshing* die grüne Farbe bedeutet, kann es auch darauf deuten, dass die ersten Anfänge der Vegetation und grünen Farbe in der Feuchtigkeit und Tiefe erscheinen.

Das Wort *ping* bedeutet den Eingang des *yang* in die Welt, Fig. 36. Das Zeichen besteht aus dem Zeichen der Innerlichkeit, *nui*, und darüber einer wagerechten Linie, welche sonst die Zahl Eins, *yih*, bedeutet. Die Erklärung lautet: *„yih, one, i. q. yang, ji, entering, kiung, the door of universe.“*

Es besteht nämlich das Zeichen der Innerlichkeit, *nui*, aus dem Zeichen des Eingehens, *jih*, und des leeren Raumes, *kiung*. Der Eingang des *yang* in die Welt ist offenbar der Eingang des von dem Himmel bevollmächtigten Samens, welcher aus der geöffneten Thür wiederum hervorgeht. Wenn daher der Himmel *tshing-ping* heisst, so bedeutet das: der grünend Eingehende, d. i. der eingehende Puruscha, oder auch Hari, der Grüne. Das Zeichen *ping* bedeutet zugleich den Fischschwanz „*the tail of a fish.*" Das Zeichen der Einheit, *yih*, welches in Fig. 27 beschrieben wurde, bedeutet Fischeingeweide „*the intestins of a fish.*" Die Beziehungen, welche hier zu Grunde liegen mögen, sind nicht deutlich. Der Fischschwanz tritt in eine entfernte Beziehung zu dem Himmel, indem roth die Farbe des Südens ist („*hung red colour. colour of southern regions.*" *Rad. 120*). Der Süden aber entspricht dem Himmel, und von dem Fischschwanze heisst es, er werde durch Anstrengung roth. (*tschhing* „*carnation colour. extreme toil and labour, because fish tail becoming reddish by toil, and human hair white.*" *Rad. 155.*) Der Fischschwanz kann auch an Wischnu erinnern, welcher als Fisch den Dieb der Vedas verfolgte, der sich in die Schneckenschale geflüchtet hatte. Im Sanskrit bedeutet das Wort *ila: 1. vacca, 2. terra, 3. sermo.* Die Schale, in welcher die Vedas oder das heilige Wort verborgen, ist daher dem Schoosse der Erde, in welchem die Keime verborgen sind, sehr ähnlich. In Fig. 30 bezeichnete das Zeichen des Stammelns die verborgenen unentwickelten Keime. Auch das chinesische Wort *thu*, der Mund der Erde, bedeutet neben verschiedenen Arten der Aeusserung die Sprache. Der Fischschwanz scheint auch mit dem Fischschwanze der Derceto Aehnlichkeit zu haben. Nach der Erzählung bei Lucian tritt Derceto in Beziehung zu der grossen Fluth und zu der Endigung der Fluth (*de dea syra 13*). Es entstand ein *χασμα*, welches alles Wasser aufnahm; über demselben wurde ein Tempel erbauet, wie Einige sagen, zu Ehren der Derceto. Das Zeichen des Fischschwanzes ist dem Zeichen des Himmels, *thien*, Fig. 37, sehr ähnlich, und scheint auch eine Verwandschaft mit dem Zeichen des Regens, Fig. 38, zu haben. Ueberdiess findet sich in der alten Schrift das Zeichen des Fisches in einer Form, wo, Fig. 39, der obere Theil dem

Zeichen des Regens, der untere dem des Feuers entspricht. Roth ist die Farbe, und Süden die Gegend des Feuers. Das Zeichen des Fischschwanzes, *ping*, erinnert schon für sich an Alles, was, von dem Himmel ausgehend, in die Erde einbricht, also auch an den Regen. In dem Zeichen des Regens, Fig. 38, liesse sich das Zeichen der Rückkehr, *tsa*, erkennen, und eine entsprechende Zusammensetzung würde mit der Erklärung zusammentreffen, nach welcher der Regen entsteht, gleich den Tropfen, welche von dem Deckel eines verschlossenen Topfes während des Siedens zurückfliessen („*Y* „*king, ex latin interpet ed. J. Mohl. kwa 3.* „*Pluvia fit, ut* „*in olla fervente et operculata, in qua subtilis spiritus va-* „*porque attollitur ac densatur, postea vero guttatim deci-* „*dit. Si vero olla operculum non habet, vapor dissipatur,* „*aut non coalescit.*“) Das Aufsteigen des Wasserdunstes scheint als Auflösung und Absterben des Wassers betrachtet zu werden. Das Zeichen *tschhih*, welches das Aufsteigen der Dünste bedeutet, wird geschrieben mit dem Zeichen der Thür, *mun*, und dem Zeichen der Lebensgefahr, *tschi* „*tendency to* „*a certain end. to carry to the utmost. to expose or ven-* „*ture the life in an affair.*“ Ganz ähnlich bedeutet das Zeichen des Verschnittenen (Fig. 136) den emporgestiegenen Dunst. Der Dunst, welcher sich als Regen wiederum in Wassertropfen sammelt, hat daher eine Aehnlichkeit mit dem Samen, aus welchem die ausgebreitete Pflanze hervorgeht, und welcher zuletzt wieder allein übrig bleibt. Der Regentropfen ist gleichsam das wieder aufgelebte Wasser. Der Fisch ist ein Zeichen des erneueten Lebens. Das Zeichen des Fisches, *yü*, verbunden mit dem Zeichen der Reispflanze, *ho*, bedeutet „*to take and collect together, as grain. to de-* „*sist and rest. to engage. to come to life again from the dead. to resuscitate. to revive after apparent death, as in* „*the case with some insects.*“ So ist der Fisch, welcher, in dem Eise erstarrt, mit dem Wasser wieder lebendig wird, nebst der Pflanze, welche in ihrem Samen wieder auflebt, ein Bild dieser Erneuerung.

Der gespaltene Fischschwanz ist dem Eberkopfe, dem Stierkopfe, dem dreischenkligen Bilde des Priap (*Zoëga* a. a. O. S. 219) und andern solchen Bildern ähnlich, welche die Spaltung und Eröffnung bedeuten. In Beziehung zu der deukaleonischen Fluth kann er zuvörderst den Eingang des Himmels in die Thür der Welt, die Ueberschwemmung durch Regen, bedeuten, und er kann den noch tieferen Eingang, die Aufnahme des Wassers in den Schooss der Erde, vorstellen. Das *χασμα* ist offen geblieben als Denkmal der Spaltung der bis dahin verschlossenen Erde. Die Regenwolke, *yun,* heisst auch bei den Chinesen ausdrücklich *„the fructifying prin- „ciple of nature."* Zu einem Bilde des *yang,* des höheren und dem Principe der Ordnung und Lenkung nächststehenden Principes kann der Fischschwanz auch wegen seiner Beweglichkeit und seines Gebrauches als Steuerruder gewählt sein. So viel kann vor der Hand als Erklärung ausreichen.

Wenn der Himmel, *tshing-ping,* der grünend eingehende heisst, so kann man schon nach dem Bisherigen erwarten, dass die Erde, insofern sie dem Himmel entspricht und folgt, die grünend aufgehende heissen werde; und so heisst sie in der That: *tshing-mëu.*

Das Zeichen *mëu,* Fig. 40, besteht aus dem Zeichen des Speeres, *ko,* und der aufrechten Linie, welche die Figur nach links begrenzt. Es scheint, als ob diese Linie auf die Höhle, *han,* deuten sollte. Der aus der Höhle hervorgehende Speer würde an Fig. 30 erinnern. Das Zeichen *mëu* bedeutet: *„astronomical caracter, corresponding to the period, when „all things are flourishing."* Das Zeichen des Speeres, *ko,* bedeutet auch mit dem Zeichen der Thür (Fig. 120) den Frühling und Sommer, *khi „to open. explain. inform. instruct. „separate. spring and summer. clearing up of heavens."* Der Speer wird hier auch durch das Zeichen der mit dem Aste bewaffneten Hand (Fig. 77) ersetzt, und ist offenbar ein Bild des hervorgehenden Keimes. Das Aufgehen der Erde ist auch in den gebrochenen oder offenen Linien des Kwa angezeigt ☷. Diesem Kwa entspricht das Wort *„khwen" „earth; „meaning its compliance and obedience."* *Khwen* wird auch erklärt *„spacious and suitable,"* und geschrieben mit dem Zeichen der Erde und des Rückens, Fig. 41. Dieses letztere Zeichen heisst *schin,* und bedeutet: *„to extend. stretch out. „explain. clear up. gawn. again. reiterate. it is said, to re- „present the back of human body, wh. is capable of con- „traction and expansion."* So scheint es, als wenn die gebrochenen Linien auch die Nachgiebigkeit und Gelenkigkeit bezeichnen sollten. Auch das Zeichen *pa,* Fig. 42, bedeutet den Rücken „*represents the back. to turn the back upon. to „separate from. to put asunder. the number 8.*" Die Zahl 8 heisst *siao-yin-swen,* die kleine *yin*-Zahl. *Yin* bedeutete die Rückseite des Steines, und die Nordseite des Berges. Die Erde hat den Norden, *pe,* und das Zeichen des Nordens, Fig. 43, bedeutet: „*to oppose. perverse. to turn away from. two „men with their backs turned on each other.*" Das letztere stellt das Zeichen vor. Dieses Zeichen des Nordens, verbunden mit dem Zeichen des Fleisches bedeutet den Rücken, *pei „the back of animal body. opposite of face. to carry on the „back. to be opposed. the vapours or halo seen by the side „of the sun.*" Der Rücken hat somit einmal die Bedeutung der Beugung, d. i. der Unterwerfung, welche der Erde, als unterer dienender Macht zukommt; das andere Mal die Bedeutung der Abwendung. Die Abwendung erscheint in der Regel als Widersetzlichkeit, so auch bei dem der Erde verwandten Zeichen des neugeborenen Kindes (Fig. 164). Der Rücken kann aber auch in der Flucht gewendet sein, oder, indem der Diener den erhaltenen Befehl ausführen will. Hierdurch kommt eine grosse Unbestimmtheit in diese Bezeichnungen. Die Erde kann als abgefallen von dem Himmel betrachtet werden. „*When the original vapours were at first „divided, the heavy, foul and opaque became the earth*" (unter dem Zeichen der Erde *thi*). Wenn Erde und *yin* den Rücken bedeuten, so bleibt für *yang* und Himmel die Bauchseite übrig. Oken, dessen Gleichnisse eine gewisse Sinnverwandschaft mit den morgenländischen Lehren haben, sagt (Naturphilosophie 2095): „Die Lichtseite des niederen Thieres „ist die obere, von der Erde abgewendete, der Rücken. Der „Rücken verhält sich zu der Bauchseite, wie Licht zu der Finsterniss, wie Sonne zur Erde, daher die Rückenseite dunkel, „die Bauchseite blass." Dass eine ähnliche Gedankenverbindung den chinesischen Sinnbildern zu Grunde liegen möge, ist sehr wahrscheinlich. Die meisten Thiere haben einen dunkel gefärbten Rücken, und hellfarbigen Bauch. Die Thiere, welche sich unter den Augen des Menschen, an dem Erdboden und in dem Wasser bewegen, kehren dem Auge ihren dunkeln Rücken zu. So ist *yin* oder Erde das Dunkele und Untere, und wird als Rücken bezeichnet. Die Thiere, welche der Mensch über sich sieht, wie auf Bäumen sitzende oder hoch fliegende Vögel, kehren ihm die weisse Bauchseite zu. So ist *yang* oder Himmel das Obere und Helle. Das Bild des Menschen, Fig. 9, bedeutet gross *„great, large,“* weil der Mensch sich selbst zum Maasse der Dinge nimmt. Was kleiner ist als er, das nennt er klein, was unterhalb seiner Augen ist, das gilt ihm als Unteres, und desshalb mag auch die von Gestalt kleinere Frau als Unteres betrachtet worden sein. Das Alles würde sehr zu Gunsten der angedeuteten Vergleichung sprechen, aber es fehlt an direkten Nachweisungen. Eine Bestätigung könnte das Kwa ䷋ geben, welches die Linien des Himmels über denen der Erde zeigt, und das Zeichen *phei,* Fig. 44, zur Erklärung erhält *„vile. wicked. bad. to obstruct. „to hinder from proceeding in propre course, in which sense „it is the name of a kwa. a negative. not. ought not.“* Der untere Theil des Zeichens ist das Zeichen des Mundes, der obere Theil das Zeichen des auffliegenden Vogels, *puh „the „caracter represents a bird ascending towards heaven, re„maining howering fixed in the air, and not descending. „not.“* Der abwärts fliegende Vogel, Fig. 10, bedeutet die Vollendung, weil er zu dem Ziele gelangt; der aufwärts fliegende Vogel bedeutet die Negation, weil er zu nichts gelangt, und ihm nichts übrig bleibt, als die Rückkehr. Das Zeichen des auffliegenden Vogels, oder der Negation entspricht, der förmlichen Anordnung nach, den drei Linien des Himmels; das Zeichen des Mundes entspricht den drei Linien der Erde. Es fragt sich, ob die Zeichen wirklich diesen Formen entsprechen können.

Die gebrochenen Linien der Erde deuten schon auf den Mund. Das Zeichen der Erde, *thu,* Fig. 45. 46, wird erklärt wie folgt: *„The upper horizontal line represents the sur„face of the earth, and the lower part: the inferior strata; „the perpendicular line: the plants and trees, taking root „out the ground.“* Die obere wagerechte Linie bildet in der Regel einen stumpfen Winkel, dessen Scheitel nach oben gerichtet in der senkrechten Linie liegt, oder sie fliesst, wie in Fig. 45, mit der senkrechten Linie in eine pfeilförmige Spitze zusammen. Diese mittlere Erhebung der Linie bezeichnet ohne Zweifel die hügelförmige Erhebung der vor dem Keime aufbrechenden Erde. Die Erde heisst auch die aufbrechende *thu-thu-seng „earth vomiting and producing."* *Thu*, geschrieben mit dem Zeichen der Erde und des Mundes, bedeutet *„to put out of mouth. to spit out. eject of stomach „or mind. vomit. reject. avoid. express ones thoughts. issue „or bud forth blossom."* Der Mund der Erde bedeutet also das Sprossen und Blühen, und damit jede Art der Aeusserung. Der Mund kann daher als ein charakteristisches Zeichen der Erde angesehen werden.

Das Zeichen des Vogels erscheint keineswegs so unmittelbar als ein Bild des Himmels, man muss sich vielmehr begnügen, in dem fliegenden Vogel ein natürliches Bild des Himmels oder der Luft zu suchen. Man kann es allenfalls dahin beziehen, wenn das Zeichen *yü* den Himmel und zugleich ausgebreitete Flügel bedeutet *„spread over as the „wings of fowl. the canopy of heaven"* Dass der Vogel über dem Munde das Verschliessen des Mundes bedeutet, folgt unmittelbar aus der Bedeutung der Negation, cf. Fig. 28, erinnert aber an den Riegel, als ein Bild des männlichen Wesens (cf. Fig. 142) und an die Sonne in der Spalte, Fig 47. Die Sonne verschliesst die Spalte, indem sie dieselbe durchdringt, wie der Himmel die Erde verschliesst, indem er eindringt. Die Sonne in der Spalte erinnert an den Eingang des *yang* in die Thür der Welt; denn die Sonne ist das Wesen des *yang*. Fig. 47, *kih*, bedeutet *„suns light coming through „a crevice in the wall. aperture. opening. door. window. „cleft. interstice. opening to, or occasion of. an incipient „cause. interruption of labour. time of leisure."* Durch diese Bedeutungen findet auch die gebrochene Linie des *yin* und der Erde eine gründliche Erklärung. Die Bedeutung der Ruhe, welche dem *yin* zukommt, findet sich auch bei der Spalte. Diese Ruhe folgt aus der Unterbrechung; sie ist Unterbrechung der Arbeit, sie ist aber auch das passive Verhalten, welches dem aktiven Principe Gelegenheit giebt zu wirken. (Fig. 136.)

Die chaotische Einheit des *yin* und *yang*.

Bei der Erklärung des *yin* und *yang* sind diese beiden Principien bereits als aus dem Chaos geschieden bezeichnet worden. Es hiess von dem *yin*: *„one of the two forms*

„of matter, wh. succeed Chaos;" und von dem *yang: „the „superior of the two material principles, into wh. Chaos „was divided."* In welchem Verhältnisse die beiden Mächte verbunden sind, lässt sich nicht mit völliger Bestimmtheit nachweisen, das Wahrscheinlichste ist indessen, dass beide nicht dem Namen des Vaters und der Mutter *„tu-fu-mu"* entsprechend verbunden sind, sondern wie Mutter und Frucht.

Die sehr verbreitete Lehre von dem Welteie findet hier einen merkwürdigen Zusatz, indem die bleibende Gestalt des Himmels und der Erde mit der Gestalt des Eies verglichen wird. *„The body (thi, body of an animal. what is real. „substantial.* Der Leib oder die Gestalt des Himmels wurde „als *thien,* Fig. 37, bezeichnet) *of heavens and earth resem- „bles an egg* (*niao-lwan*, Vogelei). *The heaven embraces „(pao) the earth outside, as the shell does the yolk."* Dass die Erde hierbei mit dem Dotter (*hwang li*) verglichen wird, erinnert daran, dass die Farbe der Erde gelb heisst (*„The „earth is considered yellow. hwang, yellow, the colour of „the earth"*). Das Zeichen des Umfassens, *pao,* bedeutet eigentlich die von dem Mutterleibe eingeschlossene Frucht (Fig. 162). Die beschriebene Vereinigung von Himmel und Erde wird in einem Symbole dargestellt, *Pih, „A stone „round, hollow in the middle, to resemble heavens, and in „the centre a square, to resemble the earth."* Im *yih-king (l. c. kwa 2.)* heisst es *„Rotundum movetur, quadratum „quiescit."* So würde die runde Gestalt des Himmels auf das *yang* als Princip der Bewegung, und die viereckte Gestalt der Erde auf das *yin* als Princip der Ruhe deuten. Das Viereck bedeutet aber auch Unfügsamkeit, was an den Rücken und die Abwendung oder Widersetzung erinnert. Das Zeichen *fang* vereinigt die Bedeutungen: *„to lay two boats together. „to connect. square, in contradiction of round. unaccommo- „dating, in allusion to the korners. regular. correct. the „path or way. way or means effecting some end. the earth."* Hiervon mag vor der Hand nur das Zusammentreffen des Vierecks und der Erde beachtet werden. Der Weg als Mittel erinnert an die Spalte, Fig. 47. Die Erde wird aber auch als Achteck vorgestellt. *„Tsung, stone with eight corners, representing the earth,"* geschrieben mit dem Zeichen des edeln Steines, *yu,* und des Ahnentempels (Fig. 146).

Wenn das Viereck die Unfügsamkeit bedeutet, so liegt es nahe, in dem Achteck, in Beziehung auf die runde Gestalt des Himmels, die beginnende Fügsamkeit zu finden. Es ist zu erwarten, dass die Gestalt der Erde durch Hingebung an den Himmel nicht vernichtet, sondern ausgeglichen werden soll. Diese Ausgleichung kann, um der begonnenen Symbolik treu zu bleiben, durch keine andere Gestalt bezeichnet werden, als durch ein Achteck, welches die ursprünglichen vier Winkel behält, und dieselben nur durch Einschiebung vier anderer Winkel abstumpft. Hierbei findet eine Vergrösserung oder Ausdehnung der Figur statt. Auch das entspricht der Meinung; denn der Name der Erde *khwen*, welche ihre Fügsamkeit bezeichnen soll, wird mit dem Zeichen der Ausdehnung geschrieben. Die Erde wird fügsam, indem sie mit Wasser gemischt wird. Dem entsprechend bedeutet das Zeichen *yen* „*limit or boundary to a piece of ground. path to a grave.* „*water and earth blended. to ascend. an actagon.*" Dieses Zeichen wird geschrieben mit dem Zeichen der Erde und des langsamen Ganges („*long protracted walk. to advance from* „*behind. slow. dilatory. continuing long. remote. to spread* „*for, like creeping plants. to arrive at*"). Alle diese Bedeutungen lassen sich auf das Vollständigste vereinigen. Wenn man das Zeichen *yen* zuvörderst nach seiner Zusammensetzung in Betracht zieht, so findet man „die langsam gehende Erde." Da die Erde als *yin* die Ruhe bedeutet, so kann ihre beginnende Fügung in den Himmel, welcher das Princip der Bewegung darstellt, nur durch die Bezeichnung des langsamen und zögernden Ganges angedeutet werden. Aehnlich wurde das Zeichen des Stammelns angewendet, Fig. 30. Diese Fügung geschieht durch Vermischung mit Wasser. Desshalb wird die mit Wasser gemischte Erde auch mit dem Zeichen der Königin, der Folge, *hëu*, geschrieben. Die mit Wasser gemischte, dem Himmel in der Gestalt (als Achteck) und in der Bewegung (langsam) nachfolgende Erde ist die Königin Erde, *hëu-thi*. Dass das Zeichen *yen* zugleich den Weg zu dem Grabe bedeutet, erinnert an das Zeichen des Ahnentempels, mit welchem der achteckige Stein bezeichnet wird. Der Ahnentempel heisst „*the point, to which men and things* „*turn, as water to the sea.*" Aehnlich heisst das Grab, *tsih* „*house appointed for all living.*" Die mit Wasser gemischte

Erde oder der Moder ist die Wohnung, welcher alles Lebendige zugewendet ist, und in welche es zurückkehrt. Desshalb wird der Schlamm *„mire"* geschrieben mit den Zeichen des Wassers und des Ahnentempels, *thang „path in the hall „of ancestors"* und der Koth *„dirty. filthy. polluted,"* mit den Zeichen des Wassers und des Denkmales, *tien „represents the records of the 5 ancient kings placed on a stand. „constant rule. canon."* Dass aber nicht nur Staub und Asche, sondern Moder und Wasser als Ergebnisse der Verwesung erwartet werden, bezeugt der Gebrauch, auf dem Boden des Sarges einen freien Raum zu bilden, in welchem sich das Wasser sammeln könne. *Phien „board laid at the bottom of „the coffin on crossbars, to keep the body up out the li„quids generated by corruption."* (*cf.* Fig. 88 *sq.*)

Aus allen diesen Nachweisungen zusammengenommen wird nicht nur eine Erklärung, sondern auch ein ziemlich bestimmter Ueberblick des dieser Symbolik zu Grunde liegenden Gedankenganges genommen werden können.

Dass das Zeichen *yen* ferner die Grenze bedeutet, erinnert daran, dass der Moder als Auflösung des Lebendigen die äusserste Grenze der Verwandlungen bildet, von wo aus eine neue Rückkehr beginnt. Indem diese Rückkehr von dem Ableben ein Aufleben ist, und das Aufleben immer als Aufwärtsrichtung und Aufsteigen bezeichnet wird, kann auch die Bedeutung des Aufsteigens, welche dem Zeichen *yen* zukommt, in nächstem Zusammenhange mit den andern Bedeutungen erscheinen. Es ist dabei nicht aus der Acht zu lassen, dass das Aufsteigen auch die Lage des Grabes auf dem Berge bezeichnen kann, und dass, wenn sich das Viereck in ein Achteck verwandelt, ein Aufsteigen stattfindet.

Die Bezeichnungen des chaotischen Zustandes stellen theils das in der Luft zertheilte Wasser vor, theils die in dem Wasser zertheilte Erde. Das Chaos scheint daher eine ternäre Verbindung zu sein. Eine der ersteren Bezeichnungen scheint in dem Zeichen der Zahl Eins, *yih*, zu liegen. *„That which „is close to shut up not suffered to disperse or be dissipa„ted. one. at once. as soon. the whole. to unite. fashion or „manner. the same as."* Nach Klaproth gleichbedeutend mit *yin* (bei Fig. 53) *„chaos. principium rerum materialium."* Das Zeichen, Fig. 48, besteht zuvörderst aus einem peripherischen und einem centralen Theile. Der peripherische Theil stellt ein Gefäss mit einem Deckel vor *„represents a vessel „with its lid or cover. a bottle."* Der obere Theil, welcher dem Zeichen der Grösse, Fig. 9, entspricht, bedeutet den Deckel, der untere Theil stellt das vasenförmige Gefäss vor. Der centrale Theil der Zeichenverbindung, welcher sich in dem Bauche des Gefässes befindet, bedeutet das Glück, *kih „good. advantageous. felicitous. happy. fortunate. lucky. „felicity. first day of moon."* Die letzte Bedeutung stellt das Zeichen schon in eine Beziehung zu der Zahl Eins und dem Anfange. Das Zeichen *kih* besteht aus dem Zeichen des Mundes, *khëu*, und des weisen Mannes (Fig. 133). Das erinnert an den entwerfenden äussernden Mund der Erde. Die Bedeutung des Glückes fällt mit der der Gelegenheit zusammen, und die der Gelegenheit mit der der Spalte. Auch erinnert der Laut des Zeichens *kih* an die Spalte. Um die Erklärung des Zeichens im Voraus zu rechtfertigen, muss sogleich ein anderes Zeichen, Fig. 49, in Betracht gezogen werden. Dasselbe besteht, wie man sieht, aus demselben peripherischen Theile wie das vorige Zeichen *yih*, Fig. 48, aber in dem Centrum steht das Zeichen des Unglücks, *hiung „a deep pit, into „which things are falling in confusion. calamity. evil. judg- „ments of heaven."* Das Zeichen des Unglücks besteht aus dem Zeichen der Grube, *khan*, welches schon in Fig. 14 vorgekommen ist, und zwei gekreuzten Linien, welche das in die Grube Fallende vorstellen. Fig. 49 bedeutet: *„a bottle and „hiung, something falling in the pit. confined vapour, steam „not permitted to expand."* Das erinnert an den Regen, welcher mit dem von dem Topfdeckel zurückfallenden Tropfen verglichen wurde. Es wurde oben bemerkt, dass diese Rückkehr des Wassers als eine Wiedergeburt zu betrachten sei, indess sie hier als Unglück und Untergang bezeichnet wird. Hierin liegt nur scheinbar ein Widerspruch. Jedes Absterben ist ein Aufleben in anderer Richtung, der Tod ist ein Opfer, welches einem andern Leben gebracht wird. In diesem Sinne bedeutet das Zeichen des Preises, Fig. 148, mit dem Zeichen des Todes: die Bereicherung *„to fatten. enrich, „as by steeping in fat. to grow. erect and make grow. to „increase. flourish."* Die aus dem Erdboden aufgehende Pflanze, Fig. 50, bedeutet in umgekehrter Stellung, wie sie in dem Zeichen des Regens, Fig. 38, anwesend zu sein scheint, die Umwälzung *„to revolve, go to ground"* als das Gegentheil von dem *„to grow out of ground."* Die Geburt des Dunstes ist der Tod des Wassers, und die Wiedergeburt des Wassers ist der Tod des Dunstes.

Während also Fig. 49 das Unglück, d. i. die Brechung, die Entzweiung und den Untergang des eingeschlossenen Dunstes bezeichnet, bleibt für Fig. 48, welche das Glück, das Eine und Ganze ausdrücklich bezeichnet, die Bedeutung des Aufganges und der zusammenhängenden Ausbreitung des Dunstes als vermuthlich zurück. Auch stimmt das sowohl mit dem chaotischen Zustande als auch mit den weiteren Anwendungen des Zeichens *yih,* welches mit dem Zeichen der Sonne oder mit dem Zeichen der Erde die dunkele Atmosphäre bedeutet, d. i. den von dem aufgestiegenen Dunste verdunkelten Himmel, welcher, indem er die irdischen Theile enthält, eine Wiederholung der chaotischen Vereinigung darstellt.

An das eben Beschriebene schliesst sich zunächst die Benennung *hing-ming „natural, genial, vivifying fume or „vapour."*

Hing bedeutet: *„to pull. to drag upon or involve one- „self in"* geschrieben mit dem Zeichen des Wassers und des Glückes. Fig. 51. *„(Yao, evil influence and yih, to oppose) „the opposite of evil i. q. fortunate. lucky. happiness. to „bless, as emperor does, visiting a place. to obtain by good „luck."* Die Erklärung „das Gegentheil von Uebel" ist etwas zu oberflächlich, und scheint dem Sinne der Zeichenverbindung keineswegs zu entsprechen. Nämlich der untere Theil des Zeichens, welcher das Gegentheil bedeuten soll, ist das Zeichen des Speeres, *yih „spear or lance. to run with a spear. „to rebel against. the moon three days old."* Die letzte Bedeutung erinnert an das Zeichen *phih,* welches den zunehmenden Mond und die Eroberung bedeutete. Dass der Begriff des Kampfes und des thätigen Widerstrebens in der resultirenden Bedeutung des Glückes fortdauert, dafür spricht die Bedeutung des Segnens und Reinigens, dergleichen der Kaiser durch seine Anwesenheit vollbringt. Es ist daher unter dem Glücke *hing* nicht das Gegentheil des Unglücks, sondern ein erfolgreiches Ankämpfen wider das Unglück verstanden. Schwieriger ist es, die Meinung des Zeichens *yao,* welches den übeln Einfluss bedeutet, sicher zu bestimmen. Dieses Zeichen der obere Theil der Figur, ist, wie auch der Augenschein zeigt, aus dem Zeichen des Menschen, Fig. 9, gebildet, und bedeutet: *„feeble as a newborn infant, or to die, as soon as born. „bent or crushed down. deflected. broken. calamitous. a ten- „der exuberant foliage.*" Die Beugung und Schwäche erscheint durch die Seitwärtsbeugung des oberen Theiles der aufrechten Linie bezeichnet zu sein. Man sieht, dass dieses Zeichen nicht eine verderbliche Macht bezeichnet, sondern ein Wesen, welches dem Verderben unterliegt. Die Bedeutung des Speeres aber, welcher dem Verderben widersteht, fordert die Gegenwart eines Wesens, gegen welches der Widerstand gerichtet ist. Dabei ist wiederum auf die wesentliche Bedeutung, die durch die Anwesenheit des Kaisers verbreitete Segnung, vorzüglich zu achten. Die Bedeutung der üppigen und zarten Vegetation kann die nöthige Auskunft geben. Die überschwengliche und zarte Vegetation ist der vollkommenen Entwicklung nicht fähig, sie erscheint schwach und gebeugt, und bildet ein dichtes Gewirre, welches die folgenden Keime wie in Netzen gefangen nimmt und erstickt. Das was durch seine Schwäche diesem frühzeitigen Verderben unterliegt, wird durch seine eigene Niederlage verderblich für das Uebrige und Nachfolgende, bis ein starker Keim dem übeln Einflusse widersteht, und vermöge seiner individuellen Macht hindurchdringt, gleich dem Kaiser, welcher dem Unglücke selbst widersteht, und die Andern zugleich befreiet. Die Lanze kann einen solchen Keim um so eher vorstellen, als sie aus dem Zeichen des Pflanzenkeimes gebildet ist, und die Waffen auch sonst Bilder der Keime abgeben, wie in Fig. 30 und Fig. 40. Die durchdringende und befreiende Macht verwickelt sich selbst in den Kampf, und zieht das Unterliegende mit sich empor. Wenn daher das Zeichen des Glückes mit dem Zeichen des Wassers „sich in etwas verwickeln und heraufziehen" bedeutet, so ist eigentlich gar keine neue Bestimmung hinzugekommen, und es bleibt bei der Bedeutung des ursprünglichen Zeichens. Für das Chaos ist die Bedeutung wesentlich, und schliesst sich einerseits an die Bedeutung des Glücks in Fig. 48; andererseits an die des Widerstandes gegen Gefahren. Die Bedeutung der Gefahr fällt mit der des Anfangs und der Jugend zusammen.

Das Zeichen *ming* bedeutet: *„small drizzling rain. cloudy „vapours, as about hills. extensive sheet of water, to the „eye unlimitable"* und besteht aus dem Zeichen des Wassers und dem Zeichen *ming*, Fig. 52, *„sun, the number 6 and „cover, because on the sixteenth the moon begins to ob-„scure. dull. gloomy. deep. a silent recess, as cavern or „wood. dark. the obscure perceptions of childhood."* Aus dem Gesagten kann man wenigstens die Bedeutung der Dunkelheit festhalten. Der Bogen, welcher die Decke der Figur bildet, ist das Zeichen der Decke, *mih.* Darunter ist das Zeichen der Sonne, *jí*, und unter diesem das Zeichen der Zahl 6, *luh*, welche als gerade Zahl dem *yin* und der Erde entspricht, und *lao-yin-swen*, alte *yin*-Zahl genannt wird.

Yin-yun „warm genial vapour formed by junction of „heaven and earth, from which creatures emanated. gene-„rative stimulus." Beide Zeichen werden mit dem Zeichen der Luft, Fig. 1, geschrieben. *Yin* mit dem Zeichen der Luft und der Ursache, Fig. 53. Das Zeichen der Ursache, *yin*, zeigt das Zeichen der Grösse, Fig. 9, im Zeichen des Einschlusses, *hwuy*. *„Great within a circle. who can do great „things, draws many around him. hence: which induces ef-„fects or consequences. cause. because. for the sake of. on „account of. circumstance from which. to influence or en-„gage to do. to rest or lean upon. to continue as before. „to conform to what exists. to disperse. i. q. yin, marriage."* *Yin* bedeutet die Ursache und zugleich die Fortsetzung oder Folge; wie der Anfang die Wiederholung bedeutet, und umgekehrt. Indem *yin* auch die Ehe bedeutet, und eine specielle Anwendung der obigen Erklärung gefordert wird, fragt es sich, welches Wesen hier in dem Falle ist, grosse Dinge zu thun, und Vieles um sich zu versammeln. Zuvörderst thut das weibliche Wesen grosse Dinge, indem es den unscheinbaren Keim gross macht, und zieht desshalb das männliche Princip, welches die Frucht sucht (*khiĕu-tsze*, Fig. 139) um sich heran, dass es von demselben wie die Erde von der Schale des Himmels umgeben ist. Als eine Bestätigung dieser Auslegung kann man es ansehen, wenn das Zeichen *mei*, bestehend aus dem Zeichen der Frau und des Schweifes, bedeutet: *„to follow at tail of woman. which draws obsequious „admirors."*

Aber auch der eingeschlossene Keim thut, indem er wächst, grosse Dinge, und zieht den Kreis der körperlichen Nahrung um sich als eine Schale (*„the body is merely a case or „shell"* unter dem Zeichen des Menschen). Das meiste mögte aber für die erstere Auslegung sprechen, wenn anders man nicht das gegenwärtige Zeichen nach Massgabe des Folgenden, Fig. 54, beurtheilen will. Das Zeichen der Ursache bedeutet: mit dem Zeichen der Frau: *„person made for men. bride"* und wird hier mit dem Zeichen des Mahlstromes, Fig. 112, vertauscht. Mit dem Zeichen des Mundes: *„throat. to „swallow. to intercept or obscure, as by clouds."* Mit dem Zeichen der Hand: *„to approach near. to imitate what has „preceded."* Mit dem Zeichen der Reispflanze: *„leaves „and flowers of grain."* Mit dem Zeichen des Feuers: *„that which is caused by combustion. smoke. igneous va„pour. any vapour. fog."* Mit dem Zeichen des Rohres: *„mat. cushion to lie on."* Das erinnert an das Ruhebett, *lectus genialis,* als Sternbild, dessen Schutzgott bei den Indern *Bhaga* ist. *Bhaga* bedeutet: 1. *pudendum muliebre;* 2. den Genius der Fruchtbarkeit und Empfängniss; 3. *pars, portio;* 4. *fortunatus.* Mit dem Zeichen des Hirsches: das Weibchen *„femal deer."* Dadurch findet sich eine Beziehung zu dem Bilde der Erdscholle, Fig. 14, und des Lagers, Fig. 155.

Yun, „vapour, generative influence" geschrieben mit dem Zeichen der Luft und dem Zeichen des Wohlwollens, Fig. 54, *wen „(from a basin with food, and an incarcerated „man). to give food to the prisonners. benevolent kind hear„ted. warm human feeling."* Der obere Theil des Zeichens zeigt das Zeichen des Einschlusses, *hwuy,* und in demselben das Zeichen des Menschen, *jin;* das bedeutet einen Gefangenen. Darunter ist das Zeichen des Gefässes, *ming.* Diese Zeichenverbindung erinnert an das Kind im Mutterleibe, und liesse sich vielleicht mit der vorigen Figur vergleichen. Das Zeichen *wen* bedeutet mit dem Zeichen der Frau: *„Old „woman. mother. mother earth. a divinity."* Die Bedeutung des Alters erinnert an das, was schon oben über das Alter als die Zeit der Vollkommenheit angeführt ist. Mit dem Zeichen des Todes: *„to die in womb."* Mit dem Zeichen des Knochens: *„bones of loins and pelvis."* Alle diese Bedeutungen beziehen sich auf Frucht und Leib. Mit dem Zeichen des Weines: *„to ferment liquor."* Mit dem Zeichen des Kornes: *„fermenting cake."* Mit dem Zeichen der Speise und linken Hand: *„to eat and vomit up again."* Mit dem Zeichen des Mundes: *„to hem, in order to clear „a stoppage in throat. clearing the throat, before playing „an instrument. appearence of expectorating and drinking."* Das erinnert an den verschlingenden Mund des Himmels und an den ausbrechenden Mund der Erde, an den Hund der speiet und wieder verschlingt, und an das wiederkäuende Rind, an die ihren Schwanz verschlingende Schlange und an den Indischen Hirangagarbha, als Wendepunkt der Welt. Das Zeichen *wen* bedeutet endlich mit dem Zeichen der Seide: *„genial influence of nature, wh. operates in production of „material existences. a confused state, like ravelled silk. „hemp tattered."* Das Zeichen der Seide kann wegen der Bedeutung der Feinheit das Zeichen der Luft ersetzen.

Das Chaos heisst ferner *hung-mung „state of the original chaos."*

Hung bedeutet Quecksilber. Dieses Metall scheint wegen seiner Flüssigkeit gewählt zu sein, um das mit erdigen, steinigen und metallischen Theilen durchdrungene Urwasser zu bezeichnen, und dasselbe von gewöhnlichem erdigem und dickflüssigem Wasser zu unterscheiden. *Mung* bedeutet: *„small „drizzling rain, thick, foggy;"* geschrieben mit dem Zeichen des Wassers und dem Zeichen *mung*, welches bedeutet: *„large. dull. obscure. dullness of perception. rash. to behave rashly and rudely."* In dem *yih-king* bedeutet das Zeichen einen Quell am Fusse eines Berges entspringend (cf. Fig. 58.)

Hwen-lun, „chaos. state in which matter existed previously to the formation of heaven and earth."

Hwen bedeutet: *„Torrent of foul water. many polluted „streams. mixed and running. blended with mud and dirth. „dull and opaque what ever is confused and in disorder."* Geschrieben mit dem Zeichen des Wassers und dem Zeichen des älteren Bruders *„together. at the same time. an elder „brother. to take precedence."* Das Zeichen des älteren Bruders, *kwen*, findet sich bei Morrison nicht in der alten Schriftform. Der neueren Form zu Folge scheint dasselbe aus dem Zeichen der Sonne und der Anordnung zu bestehen, was einen guten Sinn geben würde, indem dem *yang* das Alter entspricht. Der ältere Bruder bedeutet, ähnlich wie der Ahnentempel, den Punkt, nach dem sich Alles wendet, *„kwen, el-„der brother; he to whom all younger brothers look.*" (*Rad. 109*) und er bedeutet das Gesetz ähnlich wie die Denktafel der fünf Könige; das Zeichen des älteren Bruders, *hiung*, wird mit dem Zeichen des Menschen und des Mundes geschrieben *„because the senior has right to instruct.*" Nach dem was oben über den Ahnentempel als Bild des Moders gesagt ist, ist das gegenwärtige Zeichen schon als erklärt anzusehen. Das trübe erdige Wasser deutet in der Beschreibung des Chaos wahrscheinlich auf die noch nicht vollbrachte Abscheidung der Erde. Indessen könnte man auch Veranlassungen finden, an die Ueberreste eines vorigen Lebens zu denken.

Lun bedeutet: *„ripple on surface of water, caused by „wind brushing over it. Water whirling round. whirlpool. „to sink in whirlpool. hell. to perish. chaotic.*" Geschrieben mit dem Zeichen des Wassers und dem Zeichen der Ordnung, Fig. 55, *„to arrange in order. to think.*" Das obere Dreieck, der Winkel nebst der wagerechten Linie bedeutet die Vereinigung, *tsih*, Fig. 82; der übrige Theil des Zeichens heisst auch *tshih*, und bedeutet eine Denktafel *„represents slips of „bamboo for writing, tied together with two strings. list. „inventory. register. memorandum. book. to plan. to con-„trive. establish.*" So ist das Zeichen *lun* dem Zeichen *kwen* sehr ähnlich in der Bedeutung, Auch bedeutet *kwen-lun* die Gestalt des Himmels *„the figure of the heavens, any thing „spherical.*" Es ist zu erwarten, dass die Erde in dem Wirbel zu Grunde gehen soll, um die ihr angewiesene untere Stelle einzunehmen. Die erste Bedeutung bezeichnet eine Bewegung des Wassers durch den Wind verursacht. Das wird in Beziehung auf die Kosmogonie der ordnende Wind *„the exciting harmonizing wind*" sein. Da nun das Zeichen aus dem Zeichen des Wassers und der Ordnung zusammengesetzt ist, so hätte man in dem Zeichen der Ordnung ein Bild dieses Windes zu suchen. Der Strudel, welcher Alles nach einem Punkte zieht, erinnert gleichmässig an das Grosse im Umkreise, an die Anziehungskraft des Urstoffes, an den Sammelplatz des Urberges, Fig. 11, und an den Ahnentempel. Die Bedeutung der Sammlung kommt noch einmal vor.

Hwen-thun, „chaos.“

Hwen „torrent rolling and clashing. noise of water „running as a torrent. water and mud. foul. polluted. con- „fused. all blended together. one mass· the whole of. great „large.“ Geschrieben mit den Zeichen des Wassers und des bedeckten Wagens, Fig. 56. *„Kiun, many persons. army. „12500 men.“* Die Figur zeigt das Zeichen des Wagens, *tsche,* innerhalb des Zeichens der Einhüllung, *pao.* Als wesentliche Bedeutungen dieses Zeichens kann man die der Versammlung und Abgeschlossenheit ansehen. Das Zeichen eignet sich daher, die Eigenschaften des *yin* zu bezeichnen, und bedeutet in diesem Sinne mit dem Zeichen der Sonne: *„vapours or halo seen by side of sun. curling up and ac- „cumulating, as warmth, fog and clouds.“* Aus der Bedeutung der Abgeschlossenheit entwickelt sich die der Kreisbewegung; so bedeutet das Zeichen mit dem Zeichen des Ganges: *„to move. agitate. turn round. revolve in a circle. cir- „culate.“* Dergestalt wird das Zeichen den vorigen ähnlich.

Thun erhält folgende Erklärung: *„From water amongst „plants. plants as in swamp or marsh. unable to discover „the source or root from which, or the end. wither. all „confused. rushing in confusion as a torrent. unmixed.“* Geschrieben mit dem Zeichen des Wassers und dem Zeichen des durchbrechenden Keimes, Fig. 57, *schun „plant and line „representing the earth. all creatures beginning to grow or „to exist. thick. induced with difficulty. sparing. unwilling „to part with. to collect together and station. stationary „soldiers who cultivate the ground.“* Dieser unter der Erde verborgene Keim ist auch das Zeichen eines Kwa, welches die den Blitz bergende Wolke bedeuten soll. Es geht daselbst dem oben beschriebenen Zeichen *mung* voraus, und nimmt nach dem Kwa des Himmels und der Erde die dritte Stelle ein. Es heisst daselbst: *„Mung quartum locum habet, quia, „postquam a coelo et terra exstitere prima rerum germina, „sed terrae utero abdita, quae in tertio (thun) significan- „tur, eadem deinde paulatim formantur, et aliqua sui parte „prodeunt in lucem, cui labili et tenello statui bene conve- „nit infantiae nomen, mung, et ejus imago: fons, e montis „radice erumpens.“* Das Zeichen *mung* ist dem *thun* sehr ähnlich. Während *thun* den Pflanzenkeim unter der Decke der Erde zeigt, zeigt *mung,* Fig. 58, das Schwein, *schi,* unter der doppelten Decke, *mao.* Diese Zeichenverbindung bedeutet zunächst: „*dull stupid boy. unintelligent,*" und nimmt sodann die Bedeutungen an, welche dem oben genannten Zeichen *mung* zukommen. Dieses letztere besteht aus Fig. 58 und dem Zeichen des Krautes. Wenn man die Figur mit dem entsprechenden Kwa vergleicht, dessen oberer Theil die Linien des Berges,  und dessen unterer die Linien des Wassers zeigt, so entspricht die doppelte Decke dem Berge, und das Schwein dem Wasser. Das Schwein bedeutet zwar nicht Wasser im Allgemeinen, aber stehendes Wasser, *tschu,* „*pig.* „*swine. stagnant water. the place where water stagnates.*" Andererseits bedeutet das Zeichen des Schweines mit dem Zeichen des Gebärens, *seng:* üppige Vegetation, *júy,* „*pig* „*and to bear. swine bring forth numerously. luxuriant* „*growth of fruits and flowers.*" Bereits in dem Zeichen der Himmelskraft, Fig. 27, wurde das Aufgehen des Wassers und des Krautes gleichgesetzt. Endlich bedeutet das Zeichen des wühlenden Schweines „*pig biting the ground*" mit dem Zeichen der Erde: den Ackerbau, *khen* „*to use effort in ma-* „*king or doing any thing, as is required in first ploughing* „*or turning up hitherto uncultivated land. to wund. injure.* „*to damage any thing, as the plough breaks the ground.*" Das wühlende Schwein aber wird bezeichnet mit dem Zeichen des Schweines und dem Zeichen, welches dem *Kwa* des Berges entspricht, Fig. 59. Es scheint daher hierbei an das beschriebene Kwa gedacht zu sein. Der gespaltene und aufbrechende Schweinekopf (*porcus, furcus. G. Hermann, de mythologia Graecorum antiquissima*) heisst *ki,* und erinnert damit an die Spalte, *kih,* und an den in zwei Grundzüge gespaltenen Urstoff, *khi.* Wenn Wischnu mit dem Eberkopfe die Erde aus dem Wasser hervorhebt, so scheint damit gesagt zu sein, dass der Urschlamm in Erde und Wasser getheilt werde. Der Name des Wischnu wird auf die Wurzel *visch* zurückgeführt, und er wird danach der Durchdringer genannt. *Visch* bedeutet aber *1. conspergere, irrigare; 2. permeare; 3. dividere, separare,* so dass auch die Bedeutung der Theilung hervortritt. Da nun Wischnu auch die Luft repräsentirt, so erinnert man sich, dass im Chinesischen die Luft *khi* heisst, und daher im Laute mit dem Eberkopfe, der Spaltung etc. zusammentrifft.

Das Schwein, welches das Aufbrechen der Erde und den Ackerbau bedeutet, führt unmittelbar zu dem Zeichen *thun*, Fig. 57, zurück; denn dieses bedeutet ackerbauende Kriegsleute. Das erinnert an den durchbrechenden Speer in Fig. 30 und 51, auch wohl in Fig. 40. Die ersten Keime, welche den festen Grund zu durchbrechen haben, bahnen einen Weg für die folgenden, und erweisen sich damit dienstbar für fremde Zwecke. Diese Dienstbarkeit oder Aufopferung erinnert an das Untere, Fig. 31. Auch kann, indem der Keim selbst mit einer Scheuer oder einem Aufenthaltsorte (Fig. 114) verglichen wird, gemeint sein, dass die durchbrechende Spitze nicht zu fruchtbarer Entwicklung gelangt, sondern als ein Gehäuse die zu Entwicklung bestimmten Nachfolger enthält. Dieser Bedeutung bleibt das Zeichen getreu, indem es sich mit dem Zeichen des Wassers verbindet. Die in dem Sumpfe in Verwirrung und Ueberfluss wachsenden Kräuter erinnern an den frühzeitigen Untergang der üppigen Vegetation (cf. Fig. 51), und sind, indem sie hauptsächlich ein fruchtbares Erdreich für folgende Zeiten bilden helfen, geeignet, ein Bild der vorläufigen chaotischen Erzeugnisse zu geben.

Weil nun aber das Zeichen *thun* im *yih-king* die Gewitterwolke bedeutet, was auf den Regen als rückkehrendes Erzeugniss (Fig. 38, 50) bezogen werden könnte, und weil das Zeichen mit dem Zeichen des Wassers den Untergang bedeutet, so scheint es, dass jener Keim, welcher in Fig. 57 noch unter der Erde verborgen vorgestellt, und als mit Schwierigkeit gehend und zögernd bezeichnet wird (cf. Fig. 30), nachdem er durch sein Emporstreben die Fugen des Erdbodens geöffnet oder aufgelockert hat, nicht aufgehen, sondern zu der Wurzel zurückkehren und verwesen soll, wie das Wasser, nachdem es sich bis an die Grenze des Himmels erhoben hat, als Regen zurückkehrt.

Von dem Berge und dem Winde.

Der Berg, *fëu*, Fig. 11 *sq.*, bezeichnet den gemeinsamen Grund des *yin* und *yang*. Das Kwa des Berges, ☶, zeigt eine *yang*-Linie über zwei *yin*-Linien. Da *yang* den Himmel und das Licht, *yin* die Erde und das Dunkel bedeutet, so zeigt diese Figur die von dem Himmel bedeckte Erde, oder die von dem Lichte bekleidete Finsterniss. Die Berge werden zuerst von dem Tageslichte erreicht, und behalten dasselbe bis zuletzt. Indem das Zeichen zwei irdische und eine himmlische Linie zeigt, so fällt sein Hauptantheil der Erde zu. Dem Kwa entspricht das Zeichen *ken* (die rechte Hälfte von Fig. 59). Dasselbe besteht aus den Zeichen des Auges und des Löffels (Fig. 102 linke Hälfte) „*eye and to compare. to* „*look adversely or perversely. to limit. to drag, lead, pull,* „*thrust.*" Die Berge sind, indem sie dem Lichte am nächsten sind, gleichsam die Wächter oder Augen der Erde. Sie grenzen an den Himmel, und sind mit den Erzeugnissen desselben bedeckt, mit Wolken und Schnee, indess die Erde die mittelbaren Erzeugnisse an Pflanzen und Strömen trägt. Die Berge zeigen nicht die durchgängige fruchtbare Offenheit der Erde, sondern führen nur die Quellen herab, wie der Himmel den Regen. Auch haben sie Theil an der Härte (*kang*) des himmlischen Firmamentes, und diese Härte wird durch das Bild des Bergrückens bezeichnet, Fig. 152. Der Berg hat wegen Herableitung der Quellen Aehnlichkeit mit der Milchbrust. Im Sanskrit bedeutet *dhara* den Berg und die Milchbrust. Das Gebirge *Τιτθειος* wird als eine Pyramide von Brüsten abgebildet (*Cabinet Pourtales 61*). Çiva heisst Herr der *Argha* oder *yoni* und er heisst auch Bergherr (*giriça*), so dass man meinen könnte, der Berg werde wie ein weibliches Princip angesehen, und sei desshalb auch ein Bild des Phallus, gleich dem *yin*. Die Pyramide, △, welche bei den Indern den Strahl des Çiva, das Feuer und den *linga* vorstellt, scheint ein schematisches Bild des Berges zu sein. Im Chinesischen scheint dieses Bild des einfachen Berges nicht mehr vorzukommen. Wenigstens finden sich bei Morrison, welcher freilich die alten Zeichen nicht vollständig anführt, nur zwei- und dreispitzige Bilder. Uebrigens findet sich in der neueren Schrift kein Zeichen, von welchem man vermuthen könnte, dass ihm in der ursprünglichen Form ein Dreieck als Bild des einfachen Berges zu Grunde läge. Als einfacher Berg erscheint der Altar, um welchen rings eine Furche gezogen wird, so dass er nach Indischer Weise den Phallus mitten in der *yoni* vorstellen würde.

Der zweispitzige Berg, Fig. 60, *khiëu „a natural mound „of earth. hill. high. a hollow space. an indented pit or „valley. great. to collect together"* bedeutet, wie man sieht, zugleich die Grube, und erinnert daher an das Kwa der Erde, ≡ ≡, welches man als zwei neben einander stehende Berge oder Säulen ansehen könnte. Diese Aehnlichkeit wird noch auffälliger in anderen Formen des Zeichens, wie in Fig. 61, wo dasselbe mit dem Zeichen des dreispitzigen Berges, *schan*, verbunden, den hohen Berg, *yo*, bedeutet. Der Umriss der Figur kommt hier dem Zeichen der Grube, Fig. 6, ganz gleich. Das Zeichen *khiëu* wird auch mit dem Zeichen des Nordens, Fig. 43, auf einer Grundlinie geschrieben. Der Norden entspricht der Erde, und der Süden dem Himmel. Da nun der Süden *nan* heisst, was an das Wort *nan*, welches den Mann bedeutet, erinnert, und der Himmel als Vater bezeichnet wird, so könnte man die Beziehung des Nordens zu der weiblichen Seite vielleicht voraussetzen. Auf dem Berge *thai* (geschrieben mit den Zeichen des Berges *schan*, und des Bogenschützen *thai*, d. i. den Zeichen des Menschen, *jin*, und des Bogenschiessens, *yih*. Diese Zeichenverbindung bedeutet *„to „change. for. instead of. in the place of. an age. a genera- „tion"*) ist das Idol der weisen Mutter, *sching-mu*, welche auch *niang-niang* oder *nai-nai „her ladyship"* genannt wird. Auch die goldene Mutter, *kin-mu*, kam von dem Berge *kwen-lun* (dieselben Zeichen, welche das Chaos und die Gestalt des Himmels bezeichneten; hier mit dem Zeichen des Berges verbunden).

Wie das Kwa der Erde an die offene Thür, Fig. 121, so erinnert das des Berges an die verschlossene Thür, Fig. 34, und nächst dem an die durch den Himmel bedeckte und verschlossene Erde, Fig. 44. Wie in der letzteren Figur das Bild des auffliegenden Vogels den Linien des Himmels entspricht, so wird der Berg, Fig. 7, mit dem Zeichen der Erde und des abwärts fliegenden Vogels, und der Berg, Fig. 62, mit dem Zeichen der Erde und des Vogels, *tschuy*, gleichbedeutend bezeichnet.

Das Wasser wird mittelbar mit dem Pfeile verglichen, indem das Eis zugleich den Köcher bedeutet (*ping „ice. cover*

„for a case for arrows.“) Der Berg, von dessen Gipfel der Quell entspringt, ist daher gleich dem Bogen, von dessen Wölbung der Pfeil entspringt.

Der Berg, *tuy „heap of earth. pile. to heap up. accu- „mulate. crowd together. multitude. pressed together. to in- „cumber by multitude. to push from one,“* Fig. 62, erinnert an das Zeichen der Thür, Fig. 120, und zeigt durch die letzte Bedeutung eine Beziehung zu den eben versuchten Erklärungen. Diese Figur des Berges, so wie Fig. 11 — 13, scheinen in Vergleich mit Fig. 60 und 61, seitlich aufgerichtet zu sein, so dass die hervorragenden Spitzen nicht nach rechts, sondern nach oben stehen müssten. Sonst könnte man auch in den Hervorragungen die stufenförmigen Absätze, und in der obersten abgesonderten Linie, Fig. 11 und 62, vielleicht den himmlischen Einfluss oder den entspringenden Quell erkennen.

Der Wind, *fung,* erscheint als Vermittler des Himmels und der Erde. Es wird neben dem Wesen des Himmels und der Erde als Drittes, das Wesen des leitenden Windes *kanho-fung-tsing-khi „the pure principle of the exciting har- „monizing wind“* genannt. Der Wind ist daher mit dem Berge, welcher die materielle Zusammenkunft der beiden Extreme giebt, zu vergleichen, und steht demselben als geistiges Princip gegenüber. Ueber das Zeichen des Windes wird folgende Erklärung gegeben: *„The breath of nature is called fung, „wind. air in motion. custom. usage. spirit. temper. feeling. „to scatter. disperse, as by wind. to diffuse instruction, or „affect by example. haste. fleetniss. sexual appetence amongst „cattle.“*

Das Kwa des Windes ☴ zeigt eine irdische Linie unter zwei himmlischen. Das ist die an den Himmel aufsteigende Erde, oder die in das Licht eindringende Finsterniss. Der Wind führt die Erde als finstern Staub in den Bereich des Himmels. Dieser aufsteigende Staub ist gleichsam ein Schattenbild der Berge. Das Uebergewicht des himmlischen und beweglichen Elementes ist durch die doppelte himmlische Linie über der einen irdischen bezeichnet. Dem Kwa entspricht das Zeichen *siuen,* welches ein Gestell mit geordneten Gegenständen vorstellt, *„stand with things placed orderly „upon it. to select and arrange. to grasp and keep hold. „humble and submissive.“* Die Bedeutungen der Herablassung lassen sich unmittelbar darauf beziehen, dass der Wind sich zu der Erde herablässt, und sich derselben unterwirft, indem er den Staub trägt. Aehnlich wird im *yih-king* der Berg, welcher sich mit Erde bedeckt zeigt, durch das Zeichen *khien* erklärt, welches bedeutet: *„respectful. yielding. not full of „self. giving way and joining with others. humble. humility."* Das Greifen und Halten, Wählen und Ordnen lässt sich eben so unmittelbar auf die Wirkung des Windes beziehen. Er ergreift, hält und führt die Dinge, aber nicht alle gleichmässig und ohne Unterschied, sondern mit Auswahl, indem er dieselben nach Gestalt und Gewicht ordnet, und höher und tiefer in seinem Bereiche stellt. Dass aber das Zeichen des Windes ein Gestell mit ordentlich aufgestellten Dingen bedeutet, mag sich darauf beziehen, dass die Erscheinungswelt mit ihrer scheinbaren Beständigkeit als ein flüchtiges und wandelbares Wesen betrachtet wird, gleich einem Regentropfen, wie die Inder sagen, den der Wind ein wenig aufhält. Der in der Luft fliegende Staub, *puh,* wird geschrieben mit dem Zeichen der Erde und der üppigen Vegetation, *phei „plants „shooting up luxuriantly,"* weil er aufsteigt und sich ausbreitet wie ein Gewächs, eine Zeit lang von dem Zuge des Geistes beseelt, bis er unscheinbar an den irdischen Grund zurückfällt. Dieser Gedanke erscheint hier mit einer kühnen Hartnäckigkeit bis auf das Aeusserste ausgeführt, indem der Wind beschrieben wird als ein Gestell oder Schrank, wo die Dinge geordnet, aufgestellt und verwahrt sind. Damit wird gesagt, dass die berechnete und künstlich gesicherte Dauer und Ordnung sich nicht unterscheidet von der rastlosen Flucht des in dem Winde wirbelnden Staubes. Eine entsprechende Gedankenverbindung zeigt sich, wenn das Zeichen *tschhin,* bestehend aus den Zeichen der Erde, *thu,* und des Hirsches, *lu,* den fliegenden Staub, und zugleich „lange" bedeutet: *„earth raised by stag, when running. dust. effluvia. traces „of a person. i. q. kiëu, long time."* Denn der Staub bleibt noch aufgerichtet, wenn das eilende Thier schon verschwunden ist.

Wenn die Linien des Himmels über die des Windes gesetzt werden ䷫ so kann man darin eigentlich nur eine weitere Umschreibung der Linien des Windes finden, indem der

Himmel, von welchem derselbe kommt, noch ausdrücklich hinzugefügt wird. Dieses doppelte Kwa wird durch das Zeichen *këu* bezeichnet, welches *„the junction of productive „elements in nature"* bedeutet, und bereits oben zur Bezeichnung der Vereinigung des Himmels und der Erde, in den Worten *kiao-këu*, vorgekommen ist. Als eine ähnliche Umschreibung ist es anzusehen, wenn die Linien der Erde unter die Linien des Windes gefügt werden ䷓. Hierdurch wird die Erde, deren Oberfläche in den Himmel aufgenommen wird, noch ausdrücklich hinzugefügt. Dieser Anordnung entspricht das Zeichen *kwan*, Fig. 63. *„To look. observe. travel. ramble. „to cause to be observed. to manifest. wh. is observed. the „external appearence. many. temples of Tao. palace. ele- „vated gallery."* Die rechte Hälfte der Figur ist das Zeichen des Sehens, *kien*, bestehend aus den Zeichen des Auges und des Menschen. Die linke Hälfte besteht aus dem Zeichen des Vogels, *tschhui*, als unterem, zwei Zeichen des Mundes, *hiuen*, als mittlerem, und dem Zeichen des Krautes, *tsao*, als oberem Theile. Diese Zeichenverbindung bedeutet *„luxuriant „vegetation,"* und wird auch erklärt *„plants, mouths, birds"*; d. i. ein Beisammensein, welches an den Frühlingsaufgang und an das herzerweiternde Gefühl des Menschen erinnert, welches durch die Bilder des zügellosen Pferdes und des im Winde wogenden Laubes versinnlicht wird. So ist hier wiederum der über die Erde wehende Wind mit dem Staube, welchen er aufführt, ein Bild des allgemeinen Lebensaufganges.

Das Zeichen des Windes, *fung*, mit dem Zeichen des Berges, *schan*, bedeutet den Bergdunst *„mountain vapour. „fog hanging about the tops of hills."*

Von der Weltordnung, *li*.

Li bedeutet: *„To work or polish gems. to controul. „rule. direct. regulate. rectify. govern. regard or pay at- „tention to. to meddle with. the principles in matter, in „bodies, in the universe and in the man, by wh. they are „regulated. right principles. reason in man. the principle „of order, by wh. the universe is regulated. veins in animal*

„bodies, or streaks in stones or wood: to separate or di-„vide. a gobetween or marriage contract-maker.“

Die Bedeutung des Ehestiftens geht unmittelbar auf die Vereinigung des Himmels und der Erde. *Li* stiftet diese Vereinigung *„li directs the combination of matter.“* Der *gobetween* heisst auch *tscho,* geschrieben mit dem Zeichen der Frau und des Nehmens *„tscho take or poor out as with a „spoon.“* Dieses Nehmen ist daher keine androgyne Vereinigung. Das *li* wird hier betrachtet wie der Säemann *„so-„wing grain is like giving a woman in marriage“* (unter dem Zeichen des Säens, *kia. Rad. 115*). Der Vater und gleich ihm die Mutter nimmt den Keim nur, um ihn weiter zu geben. *Li* heisst auch *pun,* Wurzel. Die chinesischen Buddhisten verstehen unter *nan-ken, viri radix,* den Phallus.

Die Bedeutung des Steinschleifens erinnert an die Sonne. Der rohe Stein nämlich ist mit einer Rinde bedeckt, *„pho, „gem not yet freed from the external coat. unpolished „gem.“* Diese Rinde ist ähnlich dem Panzer, Fig. 29, über welchem die aufgehende Sonne steht. Das Abschleifen der Rinde, wodurch der Stein dem Lichte zugänglich wird, ist ähnlich der Eröffnung der verschlossenen Erde. Dazu kommt auch, dass *li* die Adern des Steines bedeutet. Das innere Gefüge und Geäder ist auf der rauhen Oberfläche wenig ersichtlich, und tritt erst auf der geschliffenen Fläche deutlich hervor. Das Schleifen würde daher, indem es die inneren vorherbestimmten Fügungen an das Licht stellt, der natürlichen Entwicklung ähnlich sein.

Li wird geschrieben mit dem Zeichen des edeln Steines, *yuh,* und des Ortes, *li.* Also wäre *li* der Ort des edeln Steines. Nach dem eben angeführten schiene dieser Ort die Werkstatt zu sein. Es ist indessen noch ein anderer Ort denkbar, insofern man auf eine Nachricht Bezug nimmt, welche in den *Mémoires des Chinois* gegeben wird. Vor dem Schlafgemache des Kaisers war ein wohlklingender edler Stein aufgehängt, welcher mit Sonnenaufgang von dem Wächter angeschlagen wurde, um den Kaiser zu erwecken. Die klingenden Steine wurden nicht der Gestalt, sondern des Klanges wegen geschliffen. Von dem *li* heisst es *„what is destitute of shape „and figure, belongs to li and tao.“* Wenn der Stein durch seinen Wohlklang mit Aufgang der Sonne, mit welcher Alles aufgeht, den schlafenden Kaiser erweckt, welcher selbst die verwandelnde Sonne, die Seele und das Gefäss des Volkes heisst, so gäbe das ein angemessenes Bild der Weltordnung und Weltharmonie, oder des erweckenden und Einklang gebenden (*harmonizing*) Windes. Es fragt sich nur, ob folgende Worte mit dieser letzten Erklärung in Widerspruch stehen. Es heisst nämlich von dem *li*: *„nor has it any place in „particular, where it is appended or attached to the things."* — *„All animate and unanimate are but one li."* — *„The „universal li is compared to the water of ocean."*

Li bedeutet auch die Adern des thierischen Körpers. Es trifft in dieser Bedeutung mit einem verwandten Zeichen, *king*, Fig. 64, zusammen *„threads of web. person through „whose hands an affair passes. applied to the veins of „blood. — King-wei, warp and woof. to unite them. lines „or paths. King North and South; wei East and West."* ***King*** wird geschrieben mit dem Zeichen der Seide und des Flusses, *king „streams flowing under ground. veins of wa„ter."* Fig. 69 zeigt das Zeichen der Seide nicht, sondern eine Figur, welche dem Zeichen des Flusses sehr ähnlich ist und gleich sein könnte. Entweder muss man diese Figur als ein dem Webstuhle entnommenes Bild oder als das modificirte Zeichen des Flusses betrachten; der Aufzug wird, wie er sich unter dem kreuzenden Einschlage verbirgt, mit den in die Erde sich bergenden Wasseradern verglichen. ***King*** bedeutet eine Mittelsperson, gleich dem *li*, und diese Bedeutung erinnert zugleich an das männliche Individuum als erste Mittelsperson zwischen der Schöpfungsmacht und dem mütterlichen Aufenthaltsorte.

Indem Norden und Süden der Erde und dem Himmel entsprechen, und *king* die Richtung von Norden nach Süden bedeutet, stellt es einen Vermittler dieser beiden Extreme dar. ***Wei*** dagegen, der Aufzug, die Richtung von Osten nach Westen, erinnert an die Schaar der besondern Erzeugnisse, welche sich scheidend zwischen Himmel und Erde ausbreitet. Der gebundene unbewegliche Aufzug, welcher dem Einschlage die Richtung vorzeigt, ist gleich dem lahmen Puruscha, und der reisige Einschlag, welcher den von dem Aufzuge vorgezeichneten Weg blindlings verfolgt, ist gleich der blinden Prakriti.

King bedeutet auch die heiligen Lehrbücher, und nähert sich damit namentlich dem *tao,* welches dem *li* gleichbedeutend ist, und unter anderem die Lehre bedeutet.

„*Tao, way. path. being at head. way wh. leads to. a „thoroughfare on all sides. principle. principle from wh. „heaven, earth, man and all creatures emanated.*" — „*Yih, „one, the original influence or principle before heavens and „earth were divided. tao, i. q. extreme quiescence and state „of perfect stillness.*" Wenn es heisst „*thien-nai-tao*" „*heaven is tao*" so geschieht das nur insofern, als der Himmel das Obere und meist Bevollmächtigte ist. Das Zeichen des Weges besteht aus dem Zeichen des Hauptes, *tschëu,* und des Ganges *tschho.* Das Zeichen des Hauptes besteht eigentlich nur aus dem Zeichen des Auges mit dem Haar darüber, Fig. 65. Das Auge bedeutet den Führer. Aber auch abgesehen hiervon deutet die Zusammensetzung an, dass das Zeichen des Weges ursprünglich nicht den Weg als Grund und Boden der Bewegung meinen kann, sondern den Gang, welcher auf dem Wege geschieht. Die erklärten Bedeutungen aber sprechen für den Weg als passiven Beweggrund. Dieser Weg, welcher durch sein ursprüngliches Dasein die Richtung anweist, die Bewegung befördert und zugleich ordnet, indem er Vorherbestimmung und seitliche Beschränkung giebt, ist ähnlich der verwandelnden und selbst unwandelbaren Sonne. Der Weg ist für diese ganze Lehre ein merkwürdiges Bild. Die unmittelbare Bestimmung des Weges bezieht sich immer nur auf den ruhenden Fuss, dessen Stütze er ist. Der ruhende Fuss ist abhängig von dem Wege, wie der Baum von der Wurzel; und *li* oder *tao* ist die Wurzel. Der wandelnde bewegte Fuss steigt auf von dem Wege, wie das geistige Princip, welches sich von dem irdischen Grunde erhebt (*thsu*), und ist indess abhängig von dem ruhenden Fusse; denn dieser wird, indem er in dem Gefässe des Weges bleibt, die Stütze des bewegten. Aehnliche Vorstellungen scheinen die Beschreibung der beiden Grundzüge, *yin* und *yang,* begründet zu haben. In der That können jene Principien abwechselnd und gleichzeitig sein, nicht minder als die beiden Füsse, welche abwechselnd auf dem Wege sind. *Tao* und *li* sind um so mehr verwandt, als der Weg selbst das Mittel bedeutet. S. 37. *fang.*

Von dem *thai-khih* und andern Dreieinheiten.

Das *thai-khih* pflegt abgebildet zu werden als ein Kreis. Auch befindet sich innerhalb des Kreises eine geschwungene Linie. Endlich kommt es vor, wie in Fig. 66, dass die durch die geschwungene Linie getrennten Felder auch durch die Farbe als schwarz und weiss verschieden werden. Ueber das *thai-khih* giebt es sehr verschiedene Erklärungen. Couplet (a. a. O.) sagt: *„Ab omni retro aetate censuisse Sinas, du-„plex dari rerum omnium materiale principium, alterum „perfectum, alterum imperfectum; hoc Yin, illud Yang „nominatum, quae quidem duo a magno axe (Thai-khih) „producta sunt, quam nobis exponunt: materiam primam. „Velut ingens mare bipartitum in duo maria minora* (das „lässt sich einerseits auf die Vergleichung des *li* mit dem „Meere, andererseits auf Fig. 66 beziehen) *ut in altero mo-„bilius, levius, purius, perfectius, in altero minus mobile, „gravius, magis foeculentum et impurum persistat. Thai-„khih immobile et quietum in actu primo, dum autem mo-„vetur, producit Yang, et a motu quiescens, producit Yin, „non aliter fere quam homo secum meditans, quae medi-„tatus est, eloquitur.*" Pauthier (*les livres sacrés de l'Orient. Chou-king*) sagt von dem *thai-khih: „Grand comble. „Khih est aussi le comble du toit, la pièce transversale, „qui en est la faite, et comme les chevrons s'y appuient, „ainsi toutes les choses sur le thai-khih. Il a engendré les „deux effigies, yang et yin. Allégoriquement thai-khih est „l'air primogène, qui par le mouvement et le repos, d'où „resultat le chaud et le froid, l'humide et sec, a produit „les cinq élémens. La plûpart d'anciens le nomment tao, „que ne diffère de li.*" Gutzlaff (*sketch of Chinese history*) sagt: *„The thai-khih (nonentity) influenced the yang and „yin, that two forms were produced, and these begat four „semblances.*" Windischmann (die Philosophie im Fortgange der Weltgeschichte) benutzte einige Arbeiten von Remusat in den ältern *Melanges asiatiques*, welche mir nicht zugänglich waren, und sagt, wahrscheinlich auf jene Abhandlungen gestützt, folgendes: *„Thai-khih* ist das Motiv, der „Ausgangs- und Schwungpunkt aller Dinge, nicht deren Ur-„heber, wie spätere Lehrer behaupten. Es hat einen Herren

„über sich. Die Vernunft (*tao*) geht dem Anfange der Dinge „vorher. Es ist der *terminus a quo* von aller Creatur; der „Grund der Welt, die Achse, um die sich Alles bewegt, der „Hauptbalken, der den ganzen Bau verbindet. Es heisst auch „*thai-yih* (grosse Einheit) auch Wagenachse, Wurzel und „Wipfel des Baumes, Grundlage, Angel, Säule. Es ist nicht „zu verwechseln mit dem Leeren der Buddhisten und dem „Nichts der *tao-sse*. Es ist der positive Anfang. In der „Wirklichkeit ist es schwer zu unterscheiden, denn alle Dinge „sind nach ihrer Art *thai-khih*. Es ist das *supremum prin-„cipium*. Dieses Princip hat hervorgebracht die zwei Regeln, „diese die vier Bilder, und diese die acht Loose, Fügungen, „Grundbestimmungen (*kwa*). In dem *thai-khih* als dem Ge-„heimnisse der Schöpfung ist das Ja (*thai*) der schöpferischen „Macht mit dem Nein (*khih*) der Gränze, dem Negativen. Ja „und Nein ist in ihm verschlungen. Das Ja wird vorzugs-„weise *yang* genannt, das Nein: *yin*. Die Vereinigung ist „das *thai-khih* selbst, durchdrungen vom *khi* oder Hauch „der Belebung. *Thai-khih* wird auch vorgestellt als der „mütterlich wallende Urstoff der Welt, über dem der Hauch „des Herrn (*schang-ti*) ist. Der Geisterhauch *khi* ist mit dem „lichten vernünftigen Maasse, *li*, in ewiger Einheit, Vermitt-„lung oder Dreiheit in der Einheit, und Einheit in der Drei-„heit." Man kann sich leicht denken, dass eine Lehre, welche in ihrer Begründung ganz abstrakte, willkürliche und vieldeutige Zeichen des Verständnisses gebraucht, geradezu die Aufforderung zu mystischen Entwicklungen und Auslegungen giebt. Wahrscheinlich wird man die nun folgenden Ergebnisse einer Betrachtung der Schriftzeichen viel befriedigender finden, als alle diese Erklärungen, welche den Schriften Chinesischer Ausleger entnommen zu sein scheinen. Es wird sich hierbei vorzüglich zeigen, mit wie grossem Vortheile die Schriftzeichen selbst um Rath gefragt werden. Indem übersinnliche Dinge sinnbildlich dargestellt werden sollen, wird die möglichste Klarheit gefordert, wenn dabei auch auf manches Erdachte verzichtet werden müsste. Indem der Denker genöthigt ist, sich zu einer solchen Beschränkung zu verstehen, muss er sich der Beschränktheit seiner Begriffe bewusst werden, und kann sich kaum mit Vorspiegelung jener zweifellosen Klarheit täuschen, welche selbst in aufgeklärteren Zeiten den Irrthum für ausschliessliche Wahrheit hat gelten lassen. Man findet sich bestimmt, die unermüdlichen Zugeständnisse und Exceptionen, welche durch Zusammenstellung sinnverwandter Zeichen anschaulich werden, und welche sich so weit ausdehnen, dass sie den verschiedenen Darstellungen fast nichts Eigenthümliches übrig lassen, aus dem Bewusstsein der Unzulänglichkeit zu erklären, und das Schwanken bis an die Grenze des Widerspruches als eine Thatsache anzusehen, welche von dem unbedingten Streben nach gründlicher und umfassender Darstellung zeigt. Man kann sich daher nicht entschliessen, die offenbare Vieldeutigkeit mancher Bezeichnungen und Erklärungen als ein Zeichen anzusehen, dass keine der zulässig erscheinenden Deutungen die rechte sei, sondern man muss die Vieldeutigkeit als eine wesentliche Eigenschaft dieser Darstellungen ansehen. In dem Bisherigen werden sich gewiss schon unzweideutige Beweise für diese Behauptung augenfällig machen.

Nach der Erklärung, welche sogleich zu Anfang über Bewegung und Ruhe und die beide beherrschende Ordnung gebracht wurde, schien es, dass die Einigung der beiden Grundzüge mit dem Wesen der Ordnung zusammen das *thai-khih* ausmache. Wenn es daher heisst *thai-khih han-san-wei-yih, thai-khih continet tria entia* (oder *efficientia*) *unum „thai-khih contains three constituting one*“ so scheint die Vereinigung der genannten drei Wesen gemeint zu sein.

Thai heisst gross. Wenn daher gesagt wird *thai-khih-pun-wu-khih, thai-khih radix non-khih,* oder wie Morrison übersetzt *„Thai-khih originates in wu-khih, i. e. that which „is illimitable or infinite,*“ so erscheint das Beiwort der Grösse als ein Zeichen der Beschränkung aus dem Unendlichen. Uebrigens ist es wichtig zu bemerken, dass hierbei *khih* geradezu durch das Wort Grenze übersetzt wird. Wenn das *thai-khih* dem *wu-khih* gleichgesetzt wird (*Rad. 86,* unter dem Zeichen der Negation *wu*), so kann das nur auf einer Verwechslung beruhen, denn das *thai-khih* zeigt sich unzweideutig als begrenzend und begrenzt.

Khih bedeutet den obersten Baum des Hauses, welcher von der Spitze des einen Giebels bis zu der des andern geht. Wie Pauthier sagt: *„la pièce transversale, qui est la faite.*“ Die Erklärung bei Morrison ist etwas unbestimmter: *„highest*

„beam on the roof of house. hence the idea of the utmost „point, place, degree. extreme. the extreme degree. to carry „to the utmost. to exhaust. weakened. languid. to take and „stop. to let go," *thai-khih* ist also das Maass oder die äusserste Grenze, bis zu welcher alle Richtungen innerhalb des Hauses reichen können. Wie die Welt ein grosser Ofen, der Himmel und die Erde grosse Wohnorte genannt werden, so wird *thai-khih* der grosse Giebelbalken genannt. Indem das Maass als Vorschrift und Vorherbestimmung gilt, wirkt es wie ein Gesetz anregend für das, was die zulässige Höhe noch nicht erreicht hat (*to carry to the utmost. the extreme degree*), und wie ein Gesetz wehrt es der Uebertretung, und hält die ankommenden Richtungen fest (*to take and stop*) um dieselben wiederum zu dem Rückwege zu entlassen (*to let go*). Die Bedeutung des äussersten Grades führt, indem sie die möglichste Höhe der Entwicklung anzeigt, die Bedeutung der Erschöpfung (*exhaust. weakened. languid*) unmittelbar herbei. *Thai-khih* ist daher seiner eigentlichen Bedeutung nach nicht sowohl die Axe als vielmehr der Wendepunkt der Welt, das Ziel, welches gleich dem vorgeschriebenen Wege (*tao*) herausfordert und die Abweichung verbietet. Das Fordern und Verweigern kann eben so wohl als ein Nehmen und Geben betrachtet werden. Das Zeichen *fu*, geschrieben mit dem Zeichen der Perle und der Fussspur, bedeutet das Messen und den Tribut und das Nehmen und Geben des Himmels *„to give and receive, as heaven confers nature, in- „stinct, capacity and dispositions on creatures. to diffuse. „spread out."* Also giebt und nimmt der Himmel, und fordert von den Geschöpfen gewisse Thätigkeiten, indem er entsprechende Anlagen und Triebe eingiebt. So fordert er von der Erde die Ausführung des anvertrauten Samens. Die passive und aktive Seite des individuellen Lebens ist in den Worten *ming* und *sing* bezeichnet; *sing-ming* heisst das Leben. *Ming „fate. lot. destiny of individuals in the life. life of „human beings. order. command. decree. precept. that which „heaven commands."* — *Sing, „nature. properties communi- „cated by heaven. what is born with man. ability. what is „done without effort. natural."* Nach seiner Natur (*sing*) hiess der Himmel *kien*, Fig. 27. Klaproth sagt: *„Ming: im- „perare. eventus inevitabiles. li rebus communicans. Sing:*

„li in rebus receptum." Das *li* in seiner Beziehung auf einzelne Wesen ist *sing* und *ming.* So weit die Stellung dem Einzelnen ein Vermögen giebt, ist sie *sing,* angeborene Natur, als Eigenthum des Einzelnen. Aber die Einzelnen treten mit einander in Widerspruch, und das angeborene Vermögen des Einen widersteht der Natur des Andern. So weit die Stellung des Einzelnen als Abhängigkeit, Bestimmung und Niederlage erscheint, heisst sie *ming,* Schicksal, d. i. das *li* als Gesetz auf das Einzelne von aussen einwirkend.

Auch die Sonne giebt und nimmt. Das wird zuvörderst in dem Bilde des Bogenschiessens dargestellt *„sche, to shoot „an arrow. to dart as the rays of light. to point at any „thing and take it."* Wie nämlich der Schütze den Pfeil abschickt, und das Erzielte damit erreicht und fängt, so schickt die Sonne die Strahlen herab und zieht damit das Wasser empor. Daher wird auch das Zeichen der Sonne geschrieben mit dem Zeichen des Einschlusses und des Gebens und Nehmens, *kai „to beg, to take, to give."*

Auf der Tafel *lo-schu,* wo die zehn Zahlen geordnet, die geraden oder irdischen Zahlen (*thi-swen*) durch schwarze, die ungeraden oder himmlischen Zahlen (*thien-swen*) durch weisse Kreisflächen dargestellt sind, findet sich für die Zahl Fünf: Fig. 67. Die Zahl Fünf soll dem *thai-khih* entsprechen (*Deguignes. Mem. acad. inscript. Tom 38. p. 269.*) *„Cinq re„pond a aucun kwa, mais placé en centre, on le regard „comme thai-khih, ou principe premier, ou maître et direc„teur de toutes les choses. Ce nombre est désigné par le „hwang-khih, i. q. le terme, pole ou pivot auguste, qui est „le modèle de tout, le schang-ti* (Oberherr) *en ciel, l'em„pereur sur la terre."* Fig. 67 ist dem Zeichen der Zahl Fünf ähnlich, Fig. 68. *„Wu. 5. midde number. (tschung-swen) „⼆ heaven and earth. × yin and yang between blended."* Fig. 68, welche sonach die Grenzen des Himmels und der Erde, und zwischen beiden die Kreuzung des *yin* und *yang* vorstellen soll, erinnert zugleich an ein Bild, Fig. 69, *„këu, „to connect together, as the beams of house, wh. the ca„racter represents."* Dieses Zeichen bedeutet mit dem Zeichen der Frau die Ehe *„marriage. second marriage. social „harmony. conjugal union. sexual intercourse"* und erinnert wegen seines Vorbildes zugleich an den Giebelbaum. Derselbe Balken, welcher das *khih* darstellt, wird wahrscheinlich auch in folgenden Bezeichnungen gemeint sein. *Leng,* geschrieben mit dem Zeichen des Baumes und dem Zeichen des Winkels, *ling „a square piece of timber. highest beam of „palace. corner. the majesty of divinity"* und *leng,* geschrieben mit dem Zeichen des Baumes, der Zahl Vier, *sze,* und des Vierecks, *fang „four, square and wood. square piece „of timber. corner. highest beam of palace."* Vielleicht ist unter der Bezeichnung *„corner of house"* nicht sowohl einer der vier Winkel, als: der Giebelwinkel verstanden. *Li,* geschrieben mit dem Zeichen des Baumes und der Kraft, *li „the principle of strength or growth in trees. corner of „house."* Der Winkel bedeutet die Vollkommenheit *„having „angles denotes rigid integrity"* (*Rad. 170,* unter dem Zeichen des Winkels, *yu*) und Unfügsamkeit (*„unaccommodating, in „allusion to the corners." Rad. 70.*) Und es heisst daher *„to remove the stubborn corners of truth for the purpose „of carrying through an affair."* (Cf. Fig. 138.) Es giebt hier Veranlassung, die Wiederkehr der Attribute zu betrachten. Die Erde wurde als Viereck abgebildet, und das Zeichen *fang* bedeutete die Erde, den Weg, das Viereck und die Unfügsamkeit in Anspielung auf die Winkel. Der Himmel ist rund. Dagegen wird der Winkel, wiederum wegen der Unfügsamkeit, ein Bild der Gottheit, und der Giebelbaum *khih* scheint viereckig zu sein, wofern er mit dem Balken *leng* identisch ist. Der Balken *leng* bedeutet das Viereck und zugleich den Winkel als Bild der Gottheit. Die viereckige Gestalt ist hier um so weniger unwesentlich, als es von dem Wege *tao* heisst, er sei der Zustand der äussersten Ruhe, und das Viereck die Ruhe bedeutet. Dazu kommt, dass das Bild des *tao,* der Weg, der irdische Grund selbst ist. Das *li* heisst Wurzel, *pun,* weil Alles von ihm abhängig ist. Die Erde hält die Wurzeln, und die in der Erde wurzelnde Pflanze ist ein Bild der Abhängigkeit, *to, „plants and trees depend on the root „in the ground. hence expresses placing dependance on a „person; engaging them to do a thing."* Endlich entspricht der Erde die Zahl Zehn, *schih,* welche den Superlativ bedeutet, und die Erde, *khan,* wird geschrieben mit dem Zeichen der Erde und des äussersten Grades, *schin,* indess das *khih* den äussersten Grad bedeutet.

Solche wiederkehrenden Bezeichnungen scheinen durchschnittlich darauf zu beruhen, dass ein Zeichen für das Unbedingte und Oberste gesucht wird, und desshalb die erklärten Eigenschaften der unteren Stufen, wie sie in den paarweisen Verbindungen einseitig zusammengestellt sind, in entsprechender Ordnung bei den vorausgesetzten höheren Wesen wiederholt werden. So erhält das *li,* welches über dem *yang* und Himmel steht, die Eigenschaften des *yin* und der Erde, so dass über ihm eine Stelle mit den Eigenschaften des *yang* und Himmels offen bleibt für den *schang-ti* oder Oberherren, welcher als erstes und unbedingtes Wesen dasteht, wenn anders nicht, wie man aus dem Bilde des Winkels schliessen mögte, über dem *li* noch zwei Mächte stehen, deren oberste durch den Winkel und das Viereck als das Bild der Ruhe und Unfügsamkeit versinnlicht wird.

Der Giebelbaum *khih* wird geschrieben mit dem Zeichen des Baumes und der Schnelligkeit, *kih, „haste. speed. promtly. „hurry."* Die Bedeutung der Schnelligkeit und Fertigkeit erinnert an die Fertigkeit und Bereitschaft (Fig. 5). Die Bedeutung der Schnelligkeit pflegt mit der Bedeutung der Vollendung und des Dienens zusammenzufallen. Der Erde entspricht die vollendete Zahl Zehn, weil sie die Anweisungen des Himmels ausführt. Das *khih* selbst bedeutet die Ausführung, weil es den Schlussbalken des Hauses vorstellt. Aber das Zeichen der Schnelligkeit, *kih,* Fig. 70, wird auch gleichbedeutend mit dem Zeichen des Giebelbaumes, *khih,* gebraucht, und seine Zusammensetzung giebt ihm eine nahe Beziehung zu der Kosmogonie. Nämlich die beiden wagerechten Linien bedeuten, wie in Fig. 68, Himmel und Erde; eigentlich bedeuten dieselben nur die Zahl Zwei. Die Züge, welche diese beiden Linien verbinden, stellen das Zeichen des Menschen vor. Rechts neben diesem mittleren Zeichen ist das Zeichen der Hand, *yëu,* und links das des Mundes, *khëu.* Die Zusammensetzung des Zeichens wird mit folgenden Worten erklärt: *„Man, „mouth, hand and two, i. q. heaven and earth. Receiving „from heaven the gifts of seasons, blessed with the bene-„fices of the earth, the mouth should plan, and the hand „effect with promtness, there should be no loss of time."* Vor Allem ist es wichtig, die Stellung des Menschen in diesem Bilde zu erklären. Der Mensch steht zwischen Himmel und Erde. Himmel, Erde und Mensch heissen die drei Mächte oder Fähigkeiten (cf. Fig. 4) *san-tsai.* *„Heaven earth and „man, the three great powers in nature.*" Weil aber die beiden Linien eigentlich die Zahl Zwei, *urh,* bedeuten, so hat man Veranlassung, andere Verbindungen zu betrachten, in welche das Zeichen des Menschen mit der Zahl Zwei tritt. Die erste ist Fig. 71, welche *jín* heisst, und mit der andern, Fig. 138, welche *yuen* heisst, sinnverwandt ist. *„Jín, two „and man, or thous and and heart. benevolence. love to all „creatures. virtue in general. Kernel of nut. stones of „fruit. Urh* (Zwei) *i. q. to benefit, and jín, man, is the „original lifegiving power of heaven and earth. jín and yuen „the same principle. yuen affirmed of heaven, jin: of man.*" So wird das Zeichen des Menschen das Zeichen der belebenden Weltmacht. Ganz entsprechend wird *tao* auch geschrieben mit dem Zeichen des Ganges, *hing,* und des Menschen, *jín.* Man kann daher vorläufig annehmen, dass der Mensch als dritte Macht, als Mittler zwischen Himmel und Erde, ein Bild des *li* ist. Der Mensch heisst eine kleine Welt *„human body re„sembles a nation. Human body is a little heaven and „earth i. q. microcosm.*" (*Rad. 158.*) Der Mensch heisst also kleiner Himmel und Erde, wie Himmel und Erde grosser Vater und Mutter heissen, wie der Fruchthälter ein Ofen (Fig. 119) heisst, und die Welt ein grosser Ofen genannt wird. Die Anwendung einer Bedeutung von dem Universum auf das Individuum, und umgekehrt, findet sich häufig. Es wird daher auch durch die Lebens oder Sittenregel, mit welcher das Zeichen *kih* in seiner Erklärung begleitet ist, die kosmogonische Bedeutung dieses Zeichens nicht verkürzt, sondern jener Zusatz wird sich sehr dienlich erweisen, um der Auslegung die grösseste Zuverlässigkeit zu geben. Jener Zusatz zeigt in dem Bilde des Menschen ein empfängliches, die Gaben des Himmels und der Erde verwandelndes Wesen, welches aber, wie die fernere Anweisung zu dem Wirken (*effect*) und Entwerfen (*plan*), und die endliche Bedeutung der Fertigkeit und Schnelligkeit zeigt, auch zu Aeusserung und Wirksamkeit bestimmt ist. Das erinnert an das Nehmen und Geben des Himmels, der Sonne und des *thai-khih.* Die Bedeutung der beiden Linien als Himmel und Erde ist ausgesprochen, und es ist zu erwarten, dass Mund und Hand eine Beziehung auf die beiden genannten Mächte haben. Der Mund lässt sich als das bezeichnende Glied der Erde ansehen, und wurde derselben schon attribuirt in dem Worte *thu*, welches, gleichlautend mit dem Namen der Erde, *thu*, und geschrieben mit dem Zeichen der Erde und des Mundes, das Ausbrechen und Entwerfen bedeutet. In der Erklärung des Zeichens *kih* aber heisst es, der Mund soll entwerfen; das lässt sich daher auf den entwerfenden Mund der Erde beziehen. Unter dem Namen der drei kostbaren Dinge werden Samen, Athem und Geist genannt. „*Semen* (*tsing*) *breath* (*khi*, das Zeichen des „Urstoffes) *anima* (*schin*) *in human body are the tree pre-„cious things* (*san-pao* die drei Schatzkammern) *the semen „produces aura, and the aura produces anima*" (*Rad. 119* unter dem Zeichen des Samens *tsing*). Morrison fügt hinzu: „*san pao, three precious, seems allude to the Buddhistic „Trias, san-pao, or the 3 precious Ones.*" Das sind die drei Buddhas „*O-mi-to-fuh, whose period passed, Schi-kia-mu-„ni-fu, whose period present, and Mi-li-fuh, whose period „future.*" Die drei genannten Dinge stellen sich aber auch zu dem in Rede Stehenden in nahe Beziehung. Der Mund, welcher der Mund der Erde sein soll, entlässt den Athem oder Hauch (*khi*). Das Wasser heisst der Athem der Erde. „*Wa-„ter is the blood or breath of earth*" (*Rad. 85* unter dem Zeichen der Morgenfluth *tschao*) und dem Kwa des Wassers entspricht das Zeichen *khan*, welches eigentlich eine Grube bedeutet, und mit dem Zeichen der Erde und der Ausathmung, *khien*, geschrieben wird. Das erinnert an das Gähnen der Erde, an die gebrochene oder gespaltene Linie derselben, und die Grube stellt den Mund vor, aus welchem das Wasser als Athem aufsteigt. Der aus dem Munde kommende Athem, Fig. 72, *yuëi*, bedeutet die Rede, „*from mouth and „a line representing the breath coming out. to speak. say. „call.*" Auch das Zeichen des Erdmundes, *thu*, bedeutet reden „*to express ones thaughts.*" So entwirft (*plan*) der Mund der Erde auch die Bilder und Werke des Geistes, und entspricht wörtlich der Anforderung, welche an den Mund in dem Zeichen *kih* gestellt ist. Die gleiche Stelle nimmt die Erde unter den drei *khi* ein: „*1. thien-siëu-khi, heavens ador-*

„ning principle; 2. thi-seng-khi, earths life giving principle; „3. kan-ho-fung-tsing-khi, the pure principle of the exci- „ting harmonizing wind" (*Rad. 1*). Das Zweite, *thi-seng-khi,* deutet auf den Mund; denn *seng* heisst gebären, und die Erde heisst *thi-thu-seng* die ausbrechende gebärende Erde. Die Hand müsste sonach das bezeichnende Glied des Himmels sein. Anderwärts sind Hand und Mund als männliche und weibliche Bilder bekannt. Von den obengenannten *san-pao* müsste, nachdem der Athem der Erde zugefallen ist, der Same auf die Seite des Himmels kommen, und wie der Athem aus dem Munde, so müsste der Same aus der Hand hervorgehen. Das vorhin genannte Princip des Himmels, *thien-siëu-khi,* deutet auf den Samen, denn *siëu* bedeutet die Samen tragende Blume *„grain flowering. beautiful flowers. flowers followed „by fruit."* Blume und Same entwickeln sich nur unter dem Einflusse des Himmels und der Sonne, und sind daher Werke derselben. Wie das durch die Himmelskraft emporgezogene Wasser in Regentropfen als fruchtbarer Same zurückkehrt (*„yun, cloud, the fructifying principle of nature*"), so wird der Blumensame getrocknet, wie Himmel und *yang* selbst trocken und hart sind, bis er, wenn sein Gehäuse, gleich der gebärenden Erde, durch Trocknung aufgesprungen ist, von selbst, also durch die Kraft des Himmels, die ihn zu Reife gebracht hat, der Erde zufällt, wenn anders er nicht durch den Wind oder die Hand des Menschen gesäet wird. Die Hand wird daher die fertig wirkende (*effect with promptness*) und säende Hand des Himmels sein. In Fig. 28 ist bereits die Hand des Himmels unter dem Wasser erschienen, und diese ziehende Hand deutet auf die ziehende, messende, schlagende Hand, und auf die Hand des Vaters. Das Zeichen des Vaters, Fig. 73, zeigt in seiner Zusammensetzung deutlich das Bild der Hand. Ueber den andern Theil der Figur ist keine Nachweisung gegeben; indem derselbe in andern Formen als einfache Linie erscheint, wird das Zeichen dem Zeichen der ziehenden Hand, Fig. 74, sehr ähnlich. Die ziehende Hand, *yin, „hand and something pulled,"* bedeutet die Herrschaft *„to grasp. rule. introduce."* Das Herrschen erinnert an den Vater und an den König Himmel. Dem Zeichen des Vaters ähnlich ist auch das Zeichen der Axt, *fu,* Fig. 75, welches sonst auch mit dem Zeichen des Vaters nnd der Axt (Fig. 143)

geschrieben wird. Die Axt als spaltendes Werkzeug erinnert an den Himmel, der die Erde aufbricht. Auch die messende Hand, *tshun,* Fig. 76, „*hand holding a measure. applied to „measures, rules and laws generally,*" erinnert an den herrschenden Himmel, der als Oberer der Erde Gesetze giebt und Gaben zumisst. Die schlagende Hand, *phuh,* Fig. 77, „*a „slight stroke,*" erinnert an den Himmel, indem sie mit dem Zeichen des Rindes den Hirten, mit dem Zeichen der Thür (Fig. 120) den Frühlingsaufgang bedeutet, und in beiden Bildern als männliches Princip erscheint. Hierher gehört auch das Zeichen des Geschichtschreibers, *schi,* Fig. 78, „*hand „seizing the middle. narrator of events. historian.*" Das Zeichen der Mitte, *tschung,* welches diese Hand hält, bedeutet „*middle. centre. within. half. to hit the centre. to obtain the „object,*" und stellt daher den Kern oder Samen vor. Man erinnert sich, dass das Zeichen des Ahnentempels und des Denkmales den Moder, als unvergänglichen Samen des Lebens bezeichnete, und dass in diesem Sinne der Geschichtschreiber, welcher das wesentliche Innere als Kern behält, und als fruchtbaren Samen ausstreuet, an die säende Hand und das „*ador- „ning principle*" des Himmels erinnern muss. Endlich gehört hierher das Zeichen *tschang,* Fig. 79, die Hand mit dem Zeichen der Zahl Zehn „*hand taking hold of ten. measure of „10 cubits. epitet of old persons. a staff. to beat. yo-tschang, „wifes father* (*yo,* Fig. 61) *tschang-fu, husband* (*fu,* Fig. „132)." Die Bedeutung des Alters erinnert an das *yang.* Die Bedeutung des Stabes erinnert an den Stab der Inder, *danda,* welcher die Strafe bedeutet, und als ein Bild des Puruscha benannt ist. Ausserdem ist das Zeichen gebraucht als männliches Beiwort. Alles das scheint hinreichend, um den Mangel direkter Nachweisungen zu ersetzen, und die Hand als ein Attribut des Himmels zu erweisen. Für den Menschen bleibt als Drittes das Princip der Ordnung, *li,* oder der Seele (*schin, anima*) oder des aufregenden einigenden Windes, dessen Stelle der Säemann vertritt. *Li* hiess der Ehestifter (*gobetween. marriage-contract-maker*) und das Säen wurde als Ehestiftung bezeichnet (*sowing grain is like giving a woman in marriage*) und der Ackerbauer bedeutet das männliche Princip überhaupt, also auch den Himmel, als grossen Vater. Das Zeichen des Mannes, *nan,* wird geschrieben mit dem Zeichen des Ackers *tien* („*to plant grain in rows. arranged in or-„der. cultivated field. to plough*") und der Kraft, *lih*, „*nan*, „*field and strenght. the male throughout nature.*" *Tien-lih* aber bedeutet den Ackerbau. Das Zeichen des Mannes, *nan*, Fig. 80, zeigt neben dem Zeichen des Ackers eine Figur, welche als Modifikation des Zeichens der Hand erscheinen könnte; das Zeichen der Kraft ist eigentlich wie Fig. 81.

Die prohibitive Bedeutung, welche dem *thai-khih* zugeschrieben wird, erhält noch einen aktiveren Charakter, wenn das als gleichbedeutend gebrauchte Zeichen der Schnelligkeit, *kih*, auch die Bedeutung des Speeres und der Dornhecke erlangt, indem es mit dem verdoppelten Zeichen des Dornes gleichbedeutend wird „*certain thorny bushes fit for making* „*fences. to fence. spear.*"

Die Bedeutung der Vereinigung scheint durchgängig die Einheit von Dreien zu fordern. Drei Zeichen des Mundes bedeuten die Ordnung, cf. Fig. 114, *phin*, „*many mouths or persons, to* „*whom order is dictated by one presiding. two would wrangle,* „*three give decision and order to deliberation. series. rank.* „*degree. class. sort. rule. limit. manner. actions. conduct.* „*to arrange. classify. a thing or substance.*" Eben so besteht das Zeichen der Vereinigung, *tsih*, Fig. 82, aus drei Linien „*three persons united. to collect. assemble. man or* „*to enter* (der obere Winkel, das Zeichen des Menschen oder „des Eingehens) *and one. some say neither from man nei-*„*ther from to enter, but hieroglyphic representation of three* „*united in one.*" Gleichbedeutend mit diesem wird ein anderes Zeichen der Vereinigung gebraucht, welches aus den Zeichen des Vogels und des Baumes besteht. Das Zeichen der Vereinigung. Fig. 82, mit dem Zeichen des Siegels (Fig. 102 rechte Hälfte) „*to assemble and seal of authority. to order.* „*enjoin upon. caution. warn. cause. occasion. law. rule. pe-*„*riods of time. good. exellent.*" Diese Zeichenverbindung, *ling*, scheint, indem sie die Vereinigung von Dreien darstellt, auf die drei Personen zu deuten, welche in Beziehung treten. Die erste ist der Herr, welcher den Befehl giebt; die zweite ist der bevollmächtigte, das Wahrzeichen tragende, Ueberbringer des Befehles, und die dritte ist der, welcher den Befehl ausführt. Dieses Zeichen *ling*, verbunden mit dem Zeichen des Mundes, bedeutet das Schicksal, *ming*.

Das individuelle Lebensprincip wird ebenfalls als eine Dreieinheit angesehen, welche sich in dem Tode auflöst. *„At „death the yun returns to heaven, the pih to earth, and „the kwei wanders about.“* *Kwei* bedeutet: *„spirit of a „dead man. ghost. demon. devil. implyes the reverting to „that spiritual state of existence, to wh. human beings re-„turn at death.“* Das *pih,* welches zu der Erde zurückkehren soll, ist das Zeichen der weissen Farbe, Fig. 25, welches verbunden mit dem Zeichen des Geistes, *kwei,* den *yin*-Theil der Seele, *phih,* bedeutet. Und das *yun,* welches zu dem Himmel znrückkehrt, ist das Zeichen der Wolke (*„cloud or „vapour of mountains and rivers rolling round. to say. to „move round. abundant. luxuriant“*) welches ebenfalls mit dem Zeichen des Geistes, *kwei,* den *yang*-Theil der Seele, das *hwen,* bedeutet. Das *kwei* hält diese beiden, das himmlische und irdische Princip zusammen; es ist daher das Zeichen der Concentration und Individualität. Dem entsprechend bedeutet es, wie oben erwähnt, mit dem Zeichen der Erde: die Erdscholle, indem es den individualisirenden Geist auf seiner untersten Stufe, als Cohäsionskraft darstellt. In gleichem Sinne bedeutet es mit dem Zeichen des Wassers: einen Mahlstrom *„circulating flood“* welcher denselben Geist auf höherer Stufe zeigt, als eine Alles auf einen Mittelpunkt beziehende Bewegkraft und als ein Sinnbild des Lebens.

Die Auflösung der Principien ist der Tod, *tsu-lo.* In diesen Worten aber sind nur die Wege des *hwen* und *phih* bezeichnet, indess des *kwei,* welches nach der Rückkehr der beiden umherwandert, nicht gedacht ist.

Das Wort *tsu* wird gewöhnlich durch „aufsteigen“ erklärt, indess *lo* absteigen bedeuten soll.

Tsu wird geschrieben mit dem Zeichen des Todes und des Gefässes (Fig. 106) oder anstatt dessen dem Zeichen der Schnelligkeit, *tscha,* Fig. 83. Der obere Theil der Figur ist das Zeichen des Eingehens, *jih,* der untere Theil ist das Zeicheu des Beugens und Verbergens, *yin,* der wagerechte Strich zwischen beiden ist das Zeichen der Zahl Eins. Das Zeichen des Eingehens mit dem Zeichen des Verbergens bedeutet das Eingehen in die Dunkelheit, den Tod, *wang.* Das dazu kommende Zeichen der Zahl Eins giebt folgende Bedeutungen: *„wang, to run from home and one. a person who has run*

„from home on obtaining any object of his departure, stops „a while. a short time. the time being. suddenly. hastily. „the first time. to arise. do. begin." Diese Bedeutungen erinnern nebst der Zusammensetzung des Zeichens theils an das Zeichen der Schnelligkeit, Fig. 70, theils an den Eingang des *yang* in die Welt, Fig. 36. Das *yang* ist dort als eingehend, *jih,* bezeichnet, und lässt daher das gegenwärtige Zeichen des Eingehens auf sich beziehen. Auch verhüllt sich das *yang* in dem *yin,* und das *yin* ist dunkel, so dass man das gleichlautende Zeichen der Dunkelheit und Verbergung, *yin,* auf das *yin* beziehen kann. Nun ist jedes Leben ein Eingehen in den Tod. Die dazwischen stehende Einheit verändert die Bedeutung des Todes in die des Anfangs, der Hurtigkeit und Handlung. Diese Einheit, der Gegenstand der Bewegung, (*the object of departure*), welcher zu einem Stillstande (*to stop a while*) veranlasst, ist entsprechend der organischen Einheit, dem Individuum, welches den Fluss der Dinge eine Weile in seiner Gestalt, wie in einem Gefässe (desshalb wird auch das Zeichen *tscha* ohne Unterschied durch das Zeichen des Gefässes, Fig. 106, ersetzt) festhält, und das *yang* und *yin* mittelbar, und desshalb mit einer aus der Mittelbarkeit und Verzögerung folgenden Dauer, vereinigt. Die Vereinigung des *yang* und *yin* namentlich in dem menschlichen Individuum, wird gelehrt. *„The man was produced from the connexion „of yin and yang, from the union* (*kiao* Fig. 8) *of figure „and spirit, and from the pure influence of the five elements."*

Ganz entsprechend wird der der Erde zufallende Theil, *lo,* beschrieben. *Lo* bedeutet *„to fall. residue of,"* geschrieben mit dem Zeichen des Todes und dem Zeichen *ko,* Fig. 84. Dieses Zeichen besteht aus den Zeichen des Folgens und des Mundes, und bedeutet: *„to follow calling to, but disregarded by the person before. no mutual understanding. „each apart. each separately. every. various."* Diesen Bedeutungen entsprechend bedeutet das Zeichen *ko* mit dem Zeichen der Erde: die trockene Erde *„water dried up. dry „and stiff earth or clay. to distrain madly,"* das ist die trockene aufbrechende Erde, welche dem Himmel nur mit dem Munde folgt. Mit dem Zeichen des Hauses: den Ankömmling *„guest. coming from outside. stranger"* d. i. der

Bewohner des Hauses, welcher von aussen kommt, und nur kurze Zeit verweilt. Das Alles passt auf die materiellen durch Nahrung hinzukommenden Körpertheile, welche nur eine Zeit lang verweilen, und sich endlich zerstreuen. Das Absterben, *lo,* wird auch bezeichnet durch eine Zeichenverbindung, welche aus dem Zeichen *ko,* dem Zeichen des Wassers und dem Zeichen des Krautes besteht, und das Fallen der Blätter bedeutet *„leaves and plants falling about on the edge of a „wood. to scatter about singly, as if let fall by accidence. „to fall. to let fall. to fall together and form a village* „(das erinnert an den Ahnentempel, als ein Bild des Moders) *„the place on wh. falls, or tho wh. one is led by circum- „stance to live. to be settled or arranged.*" Dagegen heisst *lih* Kraft, Fig. 81, *„what ever gains the ascendency.*" Schliesslich ist von zwei Dreieinheiten zu reden, welche unter Voraussetzung oder Hinzufügung eines Vierten dargestellt werden. Die erste ist der Geist, *schi,* Fig. 85, welche aus einer wagerechten Linie, als Zeichen des Himmels, und drei senkrechten, welche das Licht von Sonne, Mond und Sternen bedeuten, zusammengesetzt ist; *„from a horizontal line, re- „presenting the heaven, and three perpendicular strokes, „representing the light from sun, moon and stars. — a „sign from heaven. declaration of the will of heaven. to „declare. manifest. declaring. proclaiming. telling to infe- „riors.*"

Die andere ist der Herrscher, *wang,* Fig. 86, welcher in drei wagerechten Linien den Himmel, die Erde und den Menschen, und in einer senkrechten das verbindende Mittel dieser drei Mächte vorstellt; *„three lines representing heaven, earth „and man, and a perpendicular line connecting these three „powers. the person who does so. ruler of nations. the se- „cond line is nearest to the highest, to shew, that the prince „is raised near to heaven, and should imitate heavens vir- „tues.*" Aus dieser Erklärung ist ersichtlich, dass die mittlere wagerechte Linie den Menschen, welcher wie in Fig. 70 zwischen Himmel und Erde steht, und speciell den Herrscher vorstellt, so dass die senkrechte Linie an die Richtung von Norden nach Süden, Fig. 64, und an den Scepter erinnert.

Die Zahl Drei selbst, *san,* welche durch drei wagerechte

Linien bezeichnet wird, findet auch eine Bezeichnung in dem Zeichen *tshan*, welches mehrere Arten der Beziehung und Vermischung bedeutet, „*to enter in amongst. to blend with or* „*to form one of. to mix with. to be concerned with. three* „*joined. to be admitted to the presence of. to advise with.* „*to give advice to the sovereign against inferior officers.* „*the appearence of being heaped or piled up. uneven. irre*„*gular. long appearence.*"

II. Von der Verwandlung oder Welterneuerung.

Die Verwandlung heisst *hwa*, Fig. 87. „*Heaven and earth,* „*yin and yang are in circle, moving causing, that which* „*exists, to cease to be, and which is not, to exist. The* „*alterate production and ceasing of all creatures is that,* „*which is called hwa.*" „*Change of creatures is called hwa.*" „*Capability of producing a different species, is called hwa.*" „*Hwa-seng* (Fig. 174) *to produce. also by metamorphosis.* „*lwan-seng, to produce by an egg; tai-seng* (Fig. 171) *in* „*womb.*" *Hwa* wird ferner erklärt: „*alteration of state.* „*mutuation. change. transformation. metamorphosis. to come* „*into being, or to cease to exist. to transmute. digest. ex-* „*change. barter. to cause to repent, or produce a change* „*of mind. change from bad to good life. to civilize. to re-* „*form.*"

Fig. 87 bedeutet einerseits das Genannte, und wird in dieser Bedeutung auch mit dem Zeichen des Menschen verbunden; andererseits bedeutet diese Figur das weibliche Princip, *pin*, und wird in diesem Sinne auch mit dem Zeichen des Rindes verbunden. *Pin* bedeutet: „*femal of quadrupeds.* „*applied also to birds. femal organ of generation. femal of* „*plants.*"

Die Bedeutung der Zerstörung, welche dem Zeichen *hwa* zukommt, verbindet sich nicht nur hier, sondern auch anderwärts mit der Bedeutung der Neuerung. „*Transforming* „*corruption, to produce new existences, denotes an inven-* „*tive imagination*" (*Rad. 130,* unter dem Zeichen der Zerstörung, *fu*). So bedeutet auch der Anfang, *tschhu*, „*to cut* „*garments. to use garments for cover the figure, is the*

„commencement of civilisation," geschrieben mit den Zeichen des Messers und des Kleides. Und die Wunde, *tschhwang,* bedeutet zugleich die Entdeckung oder Erfindung *„wound „made by a knife or weapon. to begin. make first. invent."* Das erinnert an die gebrochene Linie der Erde.

Das Zeichen *hwa* erinnert durch seine Gestalt an das Zeichen des Löffels, Fig. 102. Dass dasselbe die Fähigkeit, eine verschiedene Gattung hervorzubringen, und auch das weibliche Princip bedeutet, zeugt von Vorstellungen, dergleichen die Inder haben, indem sie annehmen, dass die Mutter, gleich einem Acker, nur Ort und Nahrung gebe, und das von ihr getragene Wesen keine Eigenschaften der Mutter, sondern nur die des Vaters entwickele. (Manus Gesetzbuch nach Pauthiers Uebersetzung: *„La femme est considerée par „la loi comme le champ et l'homme comme la semence. Par „la cooperation du champ et de la semence a lieu la nais- „sance de tous les êtres animés. Si l'on compare le mâle „avec la femelle, le mâle est declaré superieur, car la „progeniture de tous les êtres animés est distinguée par „les marques du pouvoir mâle. Quelque soit l'espèce de „grains, que l'on jette dans un champ, elle se developpe en „une plante de même espèce. Cette terre est la matrice „primitive des êtres, mais la semence ne developpe aucune „des propriétés de la matrice"*).

Der gewöhnliche Weg, auf welchem eine Gattung erzeugt wird, welche keine Eigenschaften ihrer *Matrix* entwickelt, ist die Fäulniss. Klaproth übersetzt das Wort *hwa* geradezu durch Fäulniss.

Es finden sich auch andere Bezeichnungen, welche das weibliche Leben mit dieser Lebensrichtung in Verbindung bringen.

Das weibliche Princip wird *fu* genannt *„house-wife. to „submit. married woman. wife. the femal in nature. sons „wife. beautiful,"* geschrieben mit dem Zeichen der Frau und dem Zeichen *tschëu,* Fig. 88, welches eine Hand mit dem Besen vorstellen soll, und bedeutet: *„ordure. to sweep „away filth."* Das erinnert an den entwerfenden Mund der Erde. Ueberdiess ist anzuführen, dass der Geist der Kothgrube *„spirits presiding to the cloacae"* genannt wird: *Tischih-schin-ming; ming,* d. i. Name, *schin,* d. i. Geist. Es bleiben also nur die beiden Worte *ti* nnd *schih* als wesentlich übrig. *Schih*, geschrieben mit den Zeichen des Hauses und des abwärts fliegenden Vogels, Fig. 10, bedeutet: „*house and* „*go to. place of rest. dwelling. wife. house. family. cavern.* „*grave. case for a thing.*" Die Bedeutungen Haus und Frau, wie Sanskrit *griha, domus, uxor,* fallen zusammen wegen der Zurückgezogenheit, des *οικουρειν* und *ενδον μενειν*. Hier mag nur die Bedeutung des Hauses oder Behältnisses in Betracht kommen. Das andere Wort, *ti*, bedeutet *effeminate*, und wird geschrieben mit dem Zeichen der Frau und des Oberherren, *ti*, Fig. 89, „*who judges the world. independant* „*monarch. celestial virtue.*" Die Aehnlichkeit dieser Figur mit Fig. 88 scheint nur zufällig zu sein, indem Fig. 89 wahrscheinlich eine Kopfbedeckung vorstellt. Das Zeichen des Oberherrn bedeutet in anderer Stellung mit dem Zeichen der Frau „*disease of uterus.*" Das *ti-schih*, ist daher das Haus der weiblichen Oberherrschaft, der Aufenthalt der unbedingten, unabhängigen und eigenmächtig schaffenden weiblichen Natur. Das weibliche Princip ist *Cloacina* (*ti*) und Reinigend (*fu*).*) Das ist für diese Symbolik, welche selbst das Männliche mit weiblichen Attributen bekleidet, um so merkwürdiger, als der Kothkäfer bei den Aegyptern das unbedingt Männliche vorstellen soll, und anderwärts Zeus als Mistkäfer genannt wird (Creuzer II. 487). Die Inder dagegen sagen „Mist, Du bist „die Quelle des Ueberflusses! In Dir ist Lakschmi die Segen- „reiche gegenwärtig" (Windischmann a. a. O. II. Bd. S. 878). Die Kothgrube, *tshing*, „*privy. mixed. impure*" wird geschrieben mit dem Zeichen der grünen Farbe, Fig. 35, und des Einschlusses, *hwuy*. Dieses Zeichen der grünen Farbe soll sonst auch die Reinheit bedeuten, und daher heisst es bei Erklärung des Zeichens der Kothgrube: „*It is said, that this* „*character denotes clean, pure, and gave that name to the place, which required to be constantly cleaned.*" Das ist aber sehr unwahrscheinlich. Man hat bereits von den Indern gesagt, dass sie zufrieden sind, ein Wort nur auf irgend eine Wurzel zurückzuführen, indess sie sich um die wirkliche Abstammung sehr wenig bekümmern. Etwas Aehnliches dürfte

*) Die Frau, *fu*, steht zu der Mutter *mu*, Fig. 99, wie *φοιβη* zu *Τηθυς*. (Hermann, a. a. O.)

öfter hier vorkommen, und man kann nicht jedesmal die Erklärung des chinesischen Lexicographen gut heissen. Hier namentlich wird es durch Zusammenstellung vieler Analogien gelingen, die Unhaltbarkeit der Auslegung zu erweisen, und eine bessere an die Stelle zu setzen. Um noch zuvörderst von dem Zeichen *tshing* zu reden, so muss man bemerken, dass bei Auslegung der Bilderschrift die wesentliche und eigentliche Bedeutung am ehesten in Betracht kommt, diese aber ist die lichtgrüne Farbe, die Farbe der ersten Keime, indess die Bedeutung der Reinheit in der direkten Erklärung des Zeichens gar nicht vorkommt. Die Koth- oder Düngergrube ist der Ort, welcher die Keime mit ihrem frischen Grün einschliesst, nicht in der Wirklichkeit, sondern in der Möglichkeit.

Wegen der wunderbaren Lebenserneuerung aus dem verwesenden Stoffe wird der Koth, *fun* („*excrementitious mat-„ter. excrements. ordure. filth. manure. to apply manure „to the roots of plants. to sweep or put away, what is „filthy and superfluous*") geschrieben mit dem Zeichen der Erde (Fig. 45) oder des Reiskornes (Fig. 2) und dem Zeichen *i*, Fig. 90, „*separated. divided. extraordinary. strange. odd. „unusual. wonderful. to oppose.*" Diese Bedeutungen erinnern an Fig. 84. Die Figur selbst findet sich unter dem Wurzelzeichen des Ackers, welches sich in dem oberen kreisförmigen Theile der Figur erkennen lässt. In der abgebildeten Form des Zeichens lassen sich unter dem Zeichen des Ackers *tien*, die zwei darbietenden Hände, *kung*, „*two hands held „up, as when presenting something*" (cf. Fig. 33) und unter diesen das Zeichen der Grundlage, *ki*, erkennen; „*a founda-„tion. a board or other utensil.*" Das bezöge sich dann schon auf die unter der Erdoberfläche geschehenden Darreichungen und Arbeiten. Andere Formen des Zeichens könnten eine solche Zusammensetzung zweifelhaft machen, und an das Bild eines Dämons erinnern, wo das Zeichen des Ackers vielmehr den Kopf „*fu, devils head*" darstellen würde. Der Koth heisst auch *fun-tshze*.

Tshze bedeutet „*to clean. put in order. a place which „requires constant cleaning. filthy. bank by side of stream. „privy.*" Geschrieben mit dem Zeichen der Höhle, *han* („*over-„hanging side of hill. rocky projecting precipice. bank of „river. capable of affording shelter or dwelling for man*") und der Form, *tsih,* Fig. 91. *„To draw an outline. mark. „a rule. pattern. a law. to imitate a pattern. to conform „to a rule or law. immediately. than. in that case. there„fore. next. reason. cause.*" Das Zeichen *tsih* wird geschrieben mit den Zeichen der Perle und des Messers. Perle und Messer scheint auf das Aufbrechen der Schale zu deuten, in welcher die Perle fertig liegt, und nur des Aufschlusses bedarf, um rein und glänzend hervorzugehen, gleich dem gereinigten Keime aus dem unreinen Verschlusse. Man kann sich aber eben sowohl der Erklärung anschliessen, welche sagt *„pih, pearl, before used for materials and objects ge„nerally.*" Das wäre also der Stoff, aus welchem sich durch Eröffnung und Theilung, welche durch das Messer angezeigt wird, Alles machen lässt, wie aus dem Kothe alle Eigenschaften der Pflanze genährt werden. Der Koth oder die Kothgrube heisst nun auch *mao-tshze. Mao* ist bereits unter Fig. 30 erwähnt worden, indem es mit dem Zeichen des Speeres, *mëu,* und des Krautes, *tsao,* geschrieben wird, und hoch wachsende Gräser bedeutet. Es ist durchaus nicht einzusehen, welche zweite Deutung dieses Zeichen zulassen sollte, ausser der, dass in dem Kothe die Stoffe liegen, welche die lebendige Gestalt der Pflanzen erbauen, und deren Vermögen hier mit dem Zeichen des speerartig kräftigen Halmes, wie oben mit dem Zeichen der lichtgrünen Farbe vorhergesagt wird.

Endlich heisst der Koth auch *hwen-tshze. Hwen „filthy „place. privy. dogs swine and other animals, which feed on „grain,*" geschrieben mit den Zeichen des Einschlusses und des Schweines. Ueber die Bedeutung des Schweines ist bereits bei Fig. 58 gesprochen.

Die Erdscholle, *khwai,* Fig. 14, wird auch geschrieben mit den Zeichen der Erde und des Kleinodes, Fig. 92, *kwei, „valuable. dear. honorable. lofty. noble. high in price. to „desire. desirable.*" Dieses Zeichen besteht aus dem Zeichen der Perle und des Korbes, *kwei.* Die Erdscholle wurde auch mit den Zeichen des Gefässes und der Erde geschrieben. Hier ist wieder das Gefäss, aber mit einem Inhalte, um dessen willen es da ist. Die Erdscholle bedeutete auch das Erzeugende, *„that which creates,*" und das ist offenbar die Pflanzenspeise, welche als Perle in dem Korbe, als Kleinod unter der unscheinbaren Decke, vorgestellt ist.

Nochmals wird der Koth als Perle bezeichnet in dem Zeichen *tsan*, „*water muddy rendered by stirring and wor-„king in it*" geschrieben mit dem Zeichen des Wassers und dem Zeichen *tsan*, Fig. 93, welches die Perle und zwei vorangehende Männer, *sin*, vorstellt, und bedeutet: „*to advance „with pearls in the hand. to go forward with a present in „the hand. to enter. to assist in bringing to light. to assist „in discovering or perfecting. to respond to the sovereign.*" So wird der in dem Wasser aufsteigende Koth verglichen mit den Perlen und Geschenken in der Hand der Diener und Gesandten, welche dem Herren, der verwandelnden Sonne, oder dem König Himmel entgegengehen.

Die Kostbarkeit des Inhaltes und die Unscheinbarkeit des Gefässes wird endlich noch in einem besondern Bilde zusammengestellt. *Han* „*water blended with mire or mud. mire. „miry. mud. to contain,*" geschrieben mit dem Zeichen des Wassers und dem Zeichen des Edelsteines in dem Munde der Leiche, *han*, „*to hold in the mouth. to contain. to endure. „thick. indistinct utterance, or intentional obscure and par-„tial statement. Gems placed in the mouth of corpse at „time of interment, ancient custom.*" So enthält das stehende todte Wasser (das fliessende Wasser, *ho*, bedeutet zugleich das Leben), indem es selbst beerdigt wird, in seinem Munde den Koth, welcher als Kleinod und Perle benannt worden ist.

Wenn sich der Mensch überzeugt, dass unmittelbar aus verwesenden Stoffen und verpestenden Dünsten die Kräuter den Schmuck der Erde bauen, so scheint es ihm, als scheue er mit Unrecht jene finstern Werkstätten des ersten Lebens, und er stellt, wie eine falsche Scham überwindend, kühn und fest, das Verwesende dicht neben das reine und glänzende Leben, welches im Geheimen sich daraus ernährt und erfrischt.

Figur 88, welche die Hand mit dem Besen vorstellen soll, steht, wie sich aus den sinnverwandten Bezeichnungen deutlich ergeben haben wird, nicht in einem oberflächlichen Zusammenhange mit dem Zeichen der Frau, wenn die Bedeutung des weiblichen Wesens bestärkt und verallgemeinert wird. Das Zeichen bedeutet mit dem Zeichen des Schlagens, Fig. 77, ebenfalls die Frau, mit dem Zeichen des Bleibens, *tschi:* zu dem Bräutigam gehen *„to revert. return again. return to the „same place. a state. to throw oneself on, or attach to. to „go to the bridegroom. to be married. to send. to unite. „to terminate."* Mit dem Zeichen des Hauses: schlafen *„back apartment. a chamber. to sleep."* Mit dem Zeichen der Sonne: Licht und Glanz. Mit dem Zeichen des Thieres: die Fledermaus. Dieses letztere ist bemerkenswerth, insofern bei den Aegyptern (*Horap II. 53*) die Fledermaus eine säugende Frau bedeutet, weil dieses Thier ein Vogel und zugleich ein Säugethier ist.

Hieran schliesst sich der Name der Mutter, *O-mi. O-mi-to* ist der Name des Buddha Amida. *O-tan* nennen die chinesischen Muhamedaner den Adam; *tan* bedeutet roth, *o* ist wieder dasselbe Zeichen.

O bedeutet: *„on one side higher than the other, as a „man appears, when carrying something heavy on one „shoulder. distorted. to lean upon against."* Dieses *O* besteht aus dem Zeichen des Berges, Fig. 11, und dem Zeichen des Könnens, Vermögens, *kho,* Fig. 94. Dieses *kho* besteht aus den Zeichen des Mundes, *khëu,* und des Hauches, *ho, „air extending itself with ease."* Es scheint fast, als wenn diese erste Bedeutung durch mehrfache Zeichencomplicationen hindurch wirkte. Die Bedeutung des An- und Auflehnens folgt aus der Bedeutung des Vermögens, und erinnert sowohl an die Widerspänstigkeit und das widerstrebende Rückenwenden, als auch andererseits an den dienstbar gekrümmten Rükken und an die Abhängigkeit (*to lean upon, to depend upon*). Indem aber das Lasttragen den Mittelpunkt der Bedeutungen bildet, leuchtet ein, dass das Anlehnen nicht ein Stützen auf äussern Hinterhalt ist, sondern ein Auflehnen gegen die äussere Last. Es kann daher hiermit das auf sich selbst bestehende Ursprüngliche, der Wendepunkt bezeichnet werden, was auf den Namen des *O-mi-to „whose period passed"* und auf den Namen des Urvaters Adam passt, um so mehr als der letztere, gleich einer Mutter, das zweite Wesen aus sich geboren hat. Wie in dem Zeichen der Schwangerschaft, Fig. 162, nicht nur das Tragen, sondern auch das Ausstossen bezeichnet ist, so liegt etwas Entsprechendes in dem Zeichen *O,* indem dasselbe mit dem Zeichen des Leichnams die Kothausleerung bedeutet „*to go to a privy or necessary house.*" Zumal scheint hierbei an die während der Excretion stattfindende Krümmung des Körpers gedacht zu sein, denn an die Stelle des Zeichens *O* tritt auch das Zeichen *ya*, welches bedeutet „*ugly like a hunch back. the second. a thing forked. dubious* „*language.*" Das Zeichen *O* bedeutet mit dem Zeichen des Metalles: die Axt (cf. Fig. 143).

Das Wort *mi* bestimmt eine andere Art der Krümmung. Dasselbe besteht aus dem Zeichen der Frau und dem Zeichen des Bogenschiessens, *mi*, „*to let go the string of bow. to* „*shoot the arrow.*" Diese Zeichenverbindung, ohne das Zeichen der Frau, bildet den Namen des Buddha, *mi*. Das Zeichen des Bogenschiessens besteht aus den Zeichen des Bogens und des Du, *urh*. Das einfache Zeichen wird häufig mit dem zusammengesetzten stellvertretend verwechselt. Mit dem Zeichen der Frau bedeutet das Zeichen des Du: die Milchbrust, *nai* (Dutzen *lactare* und Dutzen *tu vocare*). Das Bild der Milchbrust, Fig. 99, bedeutet nicht die Brust, sondern die Mutter, so dass man auch in dem vorigen Falle zwischen den Bedeutungen Brust und Mutter keinen wesentlichen Unterschied finden kann. Ueber die Aehnlichkeit des Berges mit der Milchbrust ist schon bei Fig. 60—62 gesprochen worden. Das Bogenschiessen erinnert aber auch an die Kothausleerung. Das Zeichen *schi* bedeutet „*ordure, dung*" und besteht aus den Bildern des Leichnams und des Pfeiles „*body* „*and dart forth.*" Die Gleichsetzung der verschiedensten Hervorbringungen ist bereits in dem Zeichen des Erdmundes anschaulich gewesen. Auch bedeutet das Zeichen *tuh*, welches gleichlautend mit den Zeichen der Erde und des Erdmundes ist, den After „*body and mouth. anus. aperture be-* „*low the tail of animals. pig.*" Man könnte es dahin beziehen, wenn die Kothausleerung sinnbildlich vorkommt (*Salomon-Jarchi*, „*Quod distendebant coram illo* (*Bal-Peor*) *foramen* „*podicis, et stercus offerebant*" *Seldenus de diis Syris* S 157).

Dem Namen der Frau, *niu*, entspricht ein besonderes Wurzelzeichen, Fig. 95, 96, 97. Die Gestalt dieser Zeichen wird nicht erklärt. Fig. 97 erinnert an Fig. 98, welche eine Form des Zeichens *phu*, Fig. 77, darstellt. Das Zeichen der Mutterbrust, Fig. 99. 100, ist aus dem Zeichen der Frau gebildet, wie noch in Fig. 100 zu sehen ist. Wenn die zwei Linien, durch deren Dazwischenkunft Fig. 100 sich von Fig. 95 unterscheidet, eine zusammenhängende Linie bilden, so heisst das Zeichen *wu*, und bedeutet die Negation *„from „woman with a line of separation, denoting a prevention „of illicit practics.*" Es ist für diese Symbolik höchst merkwürdig, dass die prohibitive Linie in dem Bilde der Mutterbrust durchbrochen ist. Diese Durchbrechung erinnert an die gebrochene Linie der Erde.

Das Zeichen der Mutter, Fig. 99, 100, bedeutet mit dem Zeichen der Erde: den Hirten, *mu*, sonst geschrieben mit den Zeichen des Rindes und der schlagenden Hand, Fig. 77. Das ist die Mutter Erde, welche die Heerden der Geschöpfe hütet. Vielleicht ist diese Stellvertretung nicht ausser Acht zu lassen, da die weibliche Macht, *yin*, mit dem männlichen Organe identificirt wurde. Mit dem Zeichen des Mundes bedeutet das Zeichen der Mutter: entwerfen: *„plan. sheme,*" was mit dem Erdmunde zusammen trifft. Mit dem Zeichen der Hand und mit dem Zeichen des Fusses: den Daumen und den grossen Zehen. Mit dem Zeichen des Schafes hat das Zeichen der Mutter dieselbe Bedeutung wie das Zeichen des Ruhebettes, Fig. 155. Mit dem Zeichen des Krautes: den Keim *„grass growing or springing up. each. every.*" Das ist der Keim an der Brust der grossen Mutter trinkend.

Ein hauptsächlicher Name der Frau ist *Tih*, *„the wife „strictly so called*" geschrieben mit den Zeichen der Frau und des Stieles, Fig. 101. Diese Figur kommt in der alten Schrift mit dem Zeichen überein, welches aus dem des Oberherrn, Fig. 89, und dem Zeichen des Mundes besteht. In dem Wörterbuche werden beiden Zeichenverbindungen verschiedene Bedeutungen zugeschrieben, beide aber werden stellvertretend gebraucht. Das eine Zeichen lautet *schi*, und bedeutet *„superabundance, „excess.*" Das erinnert an den Koth, welcher auch überflüssig *„superfluous*" genannt wurde. Die Bedeutung des Ueberflusses kann dem weiblichen Leben gegeben werden, insofern dasselbe Nahrung für ein zweites Leben übrig hat. Das andere Zeichen lautet *tih*, und bedeutet den Stiel und die Wurzel *„that part, on which the others rest. lower or funda- „mental part, as stem or stalk of fruits, plants and flo- „wers. roots of trees. soles of feet of animals. concord. „agreement.*" Welches von diesen beiden Zeichen in die

Zusammensetzung eingegangen ist, lässt sich nicht zuverlässig ausmachen. Wegen des Gleichlautes ist für das letztere entschieden worden. Die Bedeutungen dieses Zeichens eignen sich auch ganz vorzüglich zur Bezeichnung des weiblichen Lebens. Der Theil, auf welchem ein anderer ruhet, gleicht dem Ruhebette, Fig. 155. Der untere Theil erinnert an die Erde als Unteres, Fig. 31, und an das Tragen, Fig. 94 sq. Die Fusssohle erinnert an den Schuh, Fig. 104. 120. 128. Das Zeichen nimmt in andern Verbindungen folgende Bedeutungen an. Mit dem Zeichen der Hand: abpflücken, cf. Fig. 104. Mit dem Zeichen des Schlages: Feind, cf. Fig. 169. 161. Mit dem Zeichen des Wassers: zu einem Orte fliessen, cf. Fig. 135. Mit dem Zeichen des Gefässes: einen grossen Krug. Mit dem Zeichen des Ganges: die Braut zu dem Bräutigam gehend, cf. Fig. 88. Mit dem Zeichen des Metalles: die Spitze des Pfeiles; denn diese ist die Wurzel, welche in die Wunde gepflanzt wird. Mit dem Zeichen des Essens: Sonnen- und Mondfinsterniss. Mit dem Zeichen der Erde: neu gepflügten Grund *„newly ploughed ground,“* was an die gebrochene Linie der Erde erinnert. Mit dem Zeichen des Holzes: Stössel, *„beater,“* cf. Fig, 137, und zugleich *„part of roof, „which hangs over outside the wall,“* cf. Fig. 163. Mit dem Zeichen des Hundes: Thier überhaupt, das männliche Rind, cf. Fig. 158. Mit dem Zeichen des Geistes: Glück. Der Name des Çiva bedeutet glücklich, dessgleichen der Name des Genius *bhaga,* welcher auch den Uterus bedeutet. Mit dem Zeichen der Reispflanze: pflanzen. Die Bedeutung des Pflanzens erscheint bei Bezeichnung des männlichen Lebens, Fig. 137, und bei der des weiblichen die des Entwurzelns, Fig. 104. Mit dem Zeichen des Reiskornes: kleistern. Das Zeichen der Frau bedeutet mit dem Zeichen des Kornes, *schu,* auch kleistern *„adhesive kind of rice. to paste.“* Mit dem Zeichen des Pfluges: säen ohne gepflügt zu haben *„to sow without ploughing.“* Also die Wurzel selbst ist der Pflug, indem sie in den Boden dringt. Das könnte sich auf das weibliche Gebären beziehen, welches in die offene Welt erfolgt, ohne dass dem Keime vorher ein Eingang eröffnet werden müsste (cf. Fig. 147). Mit dem Zeichen des Rindes: das Mark in den Knochen. Das Zeichen des Rindes scheint häufig die räumliche Ausdehnung des Stoffes zu bezeichnen. So wird dasselbe angewendet, um die Geschöpfe und Dinge überhaupt zu bezeichnen, cf. S. 19. So bedeutet es mit dem Zeichen der Theilung: die Hälfte *„because a cow is great, „and can be divided.“* Das Zeichen des Oberherrn, Fig. 89, nimmt in Verbindungen sehr ähnliche Bedeutungen an, wie das gegenwärtige Zeichen. So bedeutet dasselbe mit dem Zeichen des Baumes oder dem Zeichen des Krautes: die Wurzel und den Stiel. Mit dem Zeichen des Fusses: den Huf. Mit dem Zeichen des Hornes: den Kamm, cf. Fig. 102. Mit dem Zeichen der Seide: unauflösliche Knoten. Mit dem Zeichen des Wassers: den Tropfen. Mit dem Zeichen des Geistes: das Opfer für die Ahnen. Dass das Bild der Wurzel bei den Bezeichnungen des weiblichen Individuums wiederkehrt, da doch das *li* mit der Wurzel verglichen wurde, ist sehr bezeichnend für die Ausdehnung, bis zu welcher die Gleichsetzung der verschiedenen Stufen geschieht. Die Wurzel, *pun,* bedeutet den Anfang *„root. foundation. „fundamental. origin. root or source from which. i. my. „our. an official document.“* Der Gipfel des Baumes, *mo,* bedeutet das Ende und die Negation *„highest part of tree. „small. thin. weak. the end, in contrast to root or origin. „a negative particle. the dust of things broken small and „reduced to powder.“* Es scheint, als ob der indischen Lehre von der einen Prakriti und den vielen Puruschas ähnliche Gedankenverbindungen zu Grunde lägen. Wenn sich die Braminen die Wurzel und den Herrscher den Gipfel nennen, so wollen sie offenbar dasselbe sagen, was so eben bezeichnet ist, und sprechen verstohlen die Drohung aus, dass sie ihre untergeordnete, von dem Himmel bevollmächtigte Hand von dem Gipfel abziehen, und denselben hilflos fallen lassen könnten. Wiederum scheint es, als wenn den chinesischen Bezeichnungen des weiblichen Lebens als des Unteren, derselbe Sinn zu Grunde läge. Anderen Falles würde es unmöglich sein, mit diesen Bezeichnungen Erklärungen, wie die folgende, in Einklang zu bringen. *„Woman is the most fascinating and „divine part of creation“* (*Rad. 38* unter dem Zeichen *miao*).

Niang, Fig. 102, ist der Name, mit welchem die Frau sich selbst bezeichnet. *„Pronom I, i, by femals. great. high. „how great. dear in price. strenuous effort. towards. to „look up to. hope for.“* Der rechte Theil des Zeichens ist das Zeichen des Siegels, der linke das Zeichen des Löffels.

Das Zeichen des Siegels, *tsiëi*, bedeutet *„an instrument, by „which statesmen were authorized to act. stones, horn „or bamboo, cut through the middle. The left side of this „instrument held by the giver of commission, the right side „taken by the person appointed.“* Dieses Zeichen kommt mit dem Zeichen des Knotens, Fig. 103, ziemlich überein, und ist in zusammengesetzten Zeichen häufig von demselben nicht zu unterscheiden. Der Knoten, *tsiëi*, Fig. 103, bedeutet *„notch or joint of bamboo. limit. term or holiday. an emer-„gency. to limit passions or expenditure. chastity. economy. „period of time. time of an action.“* Das Zeichen des Knotens hat die Bedeutung eines Stimulus oder Beweggrundes. Zuvörderst ist er bindend und anregend als Memorandum, sodann aber nimmt er eine Bedeutung an, welche von seiner Gestalt entnommen zu sein scheint. So bedeutet das Zeichen des Knotens mit dem Zeichen der Mondsichel, *si*, welche den Abend bedeutet, die Kreisbewegung, *„evening and knot. knot „making a person uneasy on his couch, and causing him to „turn. to turn oneself over, when lying down. to turn round. „to yield or give way.“* Da die Kreisbewegung als die wesentliche Bewegung der Welt genannt wird (s. unter Fig. 87) *„To carry to the utmost. to exhaust. passing to the ex-„treme and commencing again. revolving in a circle as the „elements“* (Fig. 161), so tritt das erklärte Zeichen, welches schon durch seinen Laut, *yuen*, an den ursprünglichen Beweggrund (Fig. 138) erinnert, auch so in Beziehung zu demselben. Hierher gehört es auch, wenn das Zeichen der Bewegung, *kan*, welches in den Worten *kan-ho-fung* die aufregende Kraft des Windes bedeutete, mit dem Zeichen des Wagens: *„to pass through trials and difficulties“* bedeutet, so dass der unebene Weg, welcher den Wagen erschüttert (*kan* wird geschrieben mit den Zeichen des Herzens und der allseitigen Ausdehnung, und bedeutet eigentlich die Gemüthsbewegung) an den Weg, *tao*, als Beweggrund, und andererseits an den beunruhigenden Knoten des Lagers erinnert. Ganz dieselbe Wirkung hat das Siegel oder Wahrzeichen, so dass es auch mit dem Zeichen der Vereinigung, Fig. 82, Gesetz, Ordnung und Schicksal bedeuten kann. Daher muss man in der Zeichenverbindung, Fig. 102, in dem Siegel das aktive, und in dem Löffel, dem Werkzeuge der Aufnahme, das passive Element erkennen.

Das Zeichen des Löffels, *pi*, die linke Hälfte von Fig. 102, ist eine Umkehrung des Zeichens des Menschen, *jin*, und ist mit demselben in Fig. 43 verbunden. Dass das Zeichen des Menschen den Löffel bedeutet, lässt sich leicht daraus erklären, dass dasselbe die beiden Arme des Menschen vorstellt, so dass die Bedeutung des Nehmens und Haltens schon zu Grunde liegt, und nur hervorgehoben wird. Weniger erklärlich ist es, wenn das Zeichen des Löffels zugleich die Anordnung bedeutet. Es fällt hierdurch mit dem Zeichen des Leichnams zusammen, welches wieder das Zeichen des Menschen, und zwar in liegender Stellung, ist. Hier ergiebt sich die Bedeutung der Anordnung sehr leicht aus den Gebräuchen, vermöge deren dem Todten eine besondere Stellung gegeben wird, und Werkzeuge nebst andern Gegenständen ihm beigelegt werden, welche er während des Lebens zu nehmen pflegte. Er selbst, die ehedem handelnde Person, wird so in jeder Beziehung ein Gegenstand der Anordnung. Das Zeichen des Löffels wird erklärt: *„represents a man reversed. a ladle or „spoon. wooden ladle, with which flesh is lifted from the „top in sacrifice. to campare and arrange, as spoons on „table.“* Die letztere Bedeutung theilt das Zeichen mit dem Zeichen *pi*, welches zwei Löffel darstellt, und auch *„to refer „to. to equal. corresponding. according. answering“* bedeutet. Das doppelte Zeichen des Löffels bedeutet mit dem Zeichen des Siegels: helfen, beistehen, was sich wenig von der Bedeutung des einfachen Zeichens unterscheidet, und an die Bedeutung der Erde erinnert. Das einfache Zeichen bedeutet mit dem Zeichen des Holzes: *„stick or sticks, used as a „fork, with which at funeral sacrifice victimes are lifted „out of the boiler.“* Das scheint nur eine vollständige Wiederholung dessen zu sein, was bei dem Wurzelzeichen selbst gegeben ist. Die Benennung Löffel würde danach uneigentlich sein, indem ein gespaltenes oder zweitheiliges Werkzeug gemeint wäre, dergleichen die Chinesen noch heute in Gebrauch haben. In diesem Sinne würde dasselbe durch die beiden Arme des Menschen vorgestellt werden können. Auch erinnert die Spaltung an die Spaltung der Erde und an die Zahl Zwei als gerade oder *yin*-Zahl, so dass dadurch das Zeichen als weibliches Sinnbild um so geeigneter erscheint. Das doppelte Zeichen bedeutet mit dem Zeichen des Holzes:

1. einen fruchttragenden Baum, 2. den so eben beschriebenen Opferlöffel oder die Gabel, 3. einen Kamm *„small toothed „comb."* cf. Fig. 89.

Das Zeichen des Löffels bedeutet ferner mit dem Zeichen der Frau: die verstorbene Mutter. Mit dem Zeichen des Leichnams: den After, cf. Fig. 94. Mit dem Zeichen des Geistes: das Schweineopfer, cf. Fig. 58 und 108. Mit dem Zeichen der Seide: Franzen *„fringes. wide open texture."* Das erinnert an den Kamm, cf. Fig. 106. Mit dem Zeichen der Haut: ein geborstenes aber noch zusammenhängendes Gefäss *„vessel cracked, but parts not separated;"* als ein solches Gefäss kann man die gebrochene Erde betrachten. Mit dem Zeichen des Metalles: die Pflugschaar, dessgleichen die Pfeilspitze, cf. Fig. 104. Mit dem Zeichen des Menschen: *„to separate. ugly."* Das trifft mit der Bedeutung des Zeichens *ya* zusammen, welches unter Fig. 94 erwähnt ist. Mit dem Zeichen des Hauptes: den Nabel. Wie der After eine durchgängig entwerfende, so ist der Nabel eine durchgängig verschlingende Mündung. Das Zusammentreffen beider Gegensätze bei dem einen Zeichen erscheint nicht befremdend, und lässt sich selbst für eine absichtliche Demonstration halten, indem jede Stufe beide Richtungen aufweist. Beide Male ist die Theilung bezeichnet.

Po, „woman. beautiful woman. i. q. po, demon of „drought." Geschrieben mit dem Zeichen der Frau und dem Zeichen des Ziehens, *pa,* Fig. 104, *„to drag along by the „leg, and stick it. to stab."* Dieses Zeichen besteht aus dem Zeichen des Hundes (Fig. 4) mit Zuthat einer Linie, welche nicht erklärt wird. Die Bedeutung des Ziehens erinnert an Fig. 53, die Ursach, welche Folgen nach sich zieht. Die Folgen erscheinen unmittelbar unter dem Bilde der Nachkommenschaft, indem das Zeichen der Ursach, *yin,* die Bedeutung *opera* annimmt, und als entsprechende Bezeichnung das Zeichen der Baumfrucht, *ko,* empfängt, indem dasselbe in dieser Beziehung *praemium* bedeutet. Das Ziehen erinnert auch an die Kraft des Himmels, Fig. 27, um so mehr, als die zuerst genannte Zeichenverbindung zugleich den Geist der Trockenheit bedeutet, welcher eigentlich durch Fig. 104 in Verbindung mit dem Zeichen des Geistes, *kwei,* bezeichnet wird. Das Zeichen bedeutet ferner mit dem Zeichen der Hand:

„to pull out. to pluck with the hand (cf. Fig. 101) *to storm „and take a city. to raise to a higher place. to eradicate. „to stand forth eminent. to return fleetly. the point of an „arrow. to shoot forth branches.*" Dass das Entwurzeln mit der Verzweigung zusammenfällt, geschieht in demselben Sinne, wie die excrementitielle Aussonderung mit der Geburt zusammentrifft. Die Geburt selbst wird als ein Austreiben bezeichnet. Das Zeichen *pa* bedeutet ferner mit dem Zeichen des Holzes: den Dreschflegel *„flail,*" was mit der vorigen Bedeutung zusammentrifft, und ausserdem an die schälende, aushülsende Sonne, Fig. 29, erinnert. Mit dem Zeichen des Tuches: *fuh; fuh-sih* Messruthe *„rod ornamented held in the „hand*" (*sih* das Zeichen des Holzes und der Axt, Fig. 143). Das Messen und Zählen, als Theilung im Geiste, ist ein Bild der organischen Theilung oder Fortpflanzung (cf. Fig. 150, 128). Mit den Zeichen des Leichnams und Ganges: den Schuh (cf. Fig. 120). Mit dem Zeichen des Knochens: die Schulter. Die Schulter ist hier nicht ein männliches, sondern ein weibliches Sinnbild, des Tragens wegen (cf. Fig. 94). Mit dem Zeichen des Krautes: die Wurzel (cf. Fig, 101). Mit dem Zeichen der Erde: pflügen *„to regulate. to stick in „ground. to till the ground.*" Das ist eine Art des Entwurzelns. Oben ist das Pflügen, in Fig. 80, als männliches Attribut vorgekommen, cf. Fig. 132. Insofern aber durch den Pflug die bestehende Vegetation vernichtet, und wenigstens der Grund zerbrochen wird, gehört dasselbe als eine Art der *„transforming corruption*" unter Fig. 87. Davon zeugen auch die stellvertretenden Zeichen. Einmal tritt an die Stelle das Zeichen *fa,* welches den mit dem Speere, *ko,* bewaffneten Mann vorstellt, und schlagen, zerstören bedeutet. Sodann wird stellvertretend das Zeichen *fa,* Fig. 105; welches bedeutet *„to shoot from a bow. send forth. to cause to issue forth. „spring forth. dispatch. transport. to induce to utter. raise „higher. make manifest. advance. go. proceed*" (cf. Fig. 30, 40). Der obere Theil des Zeichens zeigt rechts das Zeichen des Stehens, *tschi,* und links dasselbe Zeichen umgekehrt. Diese beiden Zeichen bedeuten: *„two men with their backs „turned to each other, to represent parting asunder.*" Nach andern bedeuten beide Zeichen *„the two legs striding apart, „as if kicking away something.*" Das macht keinen Unter-

schied. Der untere Theil zeigt links das Zeichen des Bogens, *kung*, und rechts das Zeichen des Schaftes „*a weapon of* „*spear kind, handle of spear*," welches aus dem Zeichen der Hand und darüber dem Zeichen des Gefieders, *schu*, besteht („*short feathers or wing. represents the tassels or or-* „*naments of feathers, waving on weapons*") und daher den gefiederten Pfeil vorstellt, Fig. 156. Der obere Theil der ganzen Zeichenverbindung, die Trennung und Rückenwendung, lässt sich auf den Rücken der Erde deuten, und der Pfeil auf den Keim, welcher durch die Oeffnung hervorzugehen bestimmt ist.

Tsie, „*elder sister. mother. general name of women*" geschrieben mit dem Zeichen der Frau und dem Zeichen des Gefässes, Fig. 106, *tshie*, „*vessel in presenting offerings to* „*gods. The side strokes represent the two feet of vessel,* „*and the lower stroke: the ground. — expression of doubt.* „*if. and. then. therefore. further.*" Bei den Japanern bedeutet dieses Zeichen des Gefässes den Phallus. Dasselbe bedeutet mit dem Zeichen des Geistes (Fig. 85) den Ahnentempel „*fathers father. progenitor. ancestors. who lays the* „*foundation of a family. to begin. beginning. original of* „*any thing. temple dedicated to the ancestors. rule. sacri-* „*fice.*" Das Zeichen des Gefässes kommt dabei in einer modificirten Gestalt vor, Fig. 107. Das ist die Pyramide, welche an das einfache aufgerichtete Dreieck, das Zeichen des Çiva, △, erinnert. Dass dieses Zeichen in seiner Acumination eine Beziehung zu dem Himmel oder dem Lichte haben mag, kann man daraus schliessen, dass dasselbe mit dem Zeichen des Todes den aufsteigenden himmlischen Theil des Individuums bedeutet, cf. Fig. 83. Offenbar hat das Gefäss hierbei die Bedeutung der Aufrichtung und Sammlung, wovon das Gegentheilige mit Fig. 84 bezeichnet ist. Auch findet sich in andern Zusammensetzungen die Bedeutung des aufrecht stehenden Gefässes geltend. So mit dem Zeichen des Edelsteines: die erhobene Arbeit „*the risings on carved seals.*" Mit dem Zeichen des Pfluges: die bei dem Pflügen aufgehäufte Erde. Mit dem Zeichen des Metalles: das Land bebauen (cf. Fig. 104), entwurzeln (*ib.*), bei dem Opfer Kräuter auf die Erde streuen. Mit dem Zeichen der Seide: Franzen. Mit dem Zeichen des Holzes: Riegel, cf. Fig. 142. Mit dem Zeichen des Fleisches: Würmer in faulem Fleische. Das erinnert an die Betrachtung des Mutterleibes als eines Ackers, und an die doppelte Bedeutung von Fig. 87, welche die Erzeugung durch Geburt und durch Fäulniss zugleich anzeigte. Es ist das Fleisch als Gefäss.

Tsie, Mutter, geschrieben mit dem Zeichen der Frau und dem Zeichen des demonstrativen Pronomens, *tschi,* Fig. 108. Die untere Hälfte des Zeichens ist das Zeichen der Sonne, das Uebrige ist das Zeichen des Greises. Das wäre die alte Sonne, cf. Fig. 54 u. S. 13. Das *yang* ist alt, das *yin* jung. Also die vollkommene, wirksame Sonne. Das Demonstrativ bezeichnet den Gegenstand, das Vorhandene, was wirklich ist, und sich wirksam zeigt. Das Zeichen kann daher nicht ausschliesslich dem weiblichen Principe zukommen, sondern bedeutet mit dem Zeichen des Vaters: den Vater. Mit dem Zeichen des Wassers: die Insel. Die Abgeschlossenheit erinnert einigermaassen an die Zurückgezogenheit des weiblichen Lebens, und mag hier nur die individuelle Begrenzung bezeichnen. Mit dem Zeichen der Erde: eine niedrige Mauer, geschlossen, ruhig. Mit dem Zeichen des Ganges: die Bewegung des Mondes. Mit dem Zeichen des Rohres: die Stäbchen zum Essen *„the two slips for eating. chop„sticks"* (cf. Fig. 102). Mit dem Zeichen der Speise: satt (cf. Fig. 162). Mit dem Zeichen des Fleisches: den Magen. Der Magen wird auch geschrieben mit den Zeichen der Erde und des Fleisches. Der Magen ist gleich dem Fruchthälter, ein Ort der Lebenserneuerung. Mit dem Zeichen des Schweines: das Schwein, stehendes Wasser. Mit dem Zeichen der Perle: spielen, d. i. die Perle als Gegenstand, und nicht als Mittel. Das Spielen wird sonst geschrieben mit den Zeichen des Königs, Fig. 86, und der beiden Hände. Die Weltschöpfung wird von den Indern und Chinesen als ein Spiel bezeichnet, wie von Heraklit. Die Inder leiten den Namen des Himmels von *div,* spielen, her. Im Chinesischen trifft das Spiel und der Himmel in dem Laute *lung* zusammen. Die Erklärer pflegen die Mühelosigkeit des Spieles hervorzuheben (cf. Windischmann a. a. O. II. S. 545.) und die Zwecklosigkeit auszuschliessen. Es scheint aber, dass alles zusammen gemeint ist; das Willkürliche, Träumerische, Zufällige, Zweck- und Mühelose (cf. Fig. 138). Mit dem Zeichen der Sonne: heisses Wasser (cf. Fig. 54), in anderer Stellung der Zeichen auch das Morgenlicht. Das wäre die wirksame Sonne; denn es heisst, wenn die Sonne aufgeht, geht Alles auf. Mit dem Zeichen des Feuers: kochen. Mit dem Zeichen der Seide: den Nachlass *„end of thread, by pulling wh. a ball or co-„coon is unfolded. the commencement or beginning of. wh. „is necessary, to evolve the whole. the course of events. „wh. is left by ancestors to their posterity. to search or „examine into.*" Das erinnert an den Ahnentempel, Fig. 107.

Tsie, „mother. elder sister. it spirit wh. presides over „a given region." Geschrieben mit dem Zeichen der Frau und dem Zeichen Und, Fig. 109, *„and. also. likewise. even. „vessel containing water, in which to wash.*" Das erinnert an die Reinigung, Fig. 88. Das Zeichen bedeutet mit dem Zeichen der Erde: die Erde, *thi, „the earth. place. ground „or seat of*" sonst auch geschrieben mit den Zeichen der Erde und des Wassers. Mit dem Zeichen des Feuers: *„snuff or remains of candle*" (cf. Fig. 142). Mit dem Zeichen der Zunge: lecken. Mit dem Zeichen des Holzes: Holz fällen (cf. Fig. 143). Mit dem Zeichen der Thür: Riegel (cf. Fig. 106 und 142). Mit dem Zeichen des Wassers: Wassergefäss *„pool. ditch. pond. fosse. receptacle for water. „the sea.*" Mit dem Zeichen der Reispflanze: umpflanzen *„to replant.*" Pflanzen, Fig. 137, als männliches, umpflanzen, zweite Geburt, als weibliches Attribut. Mit dem Zeichen der Seide: *„cows halter. rope fastened to a cows nose,*" cf. Fig. 128. Mit dem Zeichen des Fleisches: aufbrechen *„to „tear open. to rip up and tear out the bowels.*" Das Ausnehmen der Eingeweide erinnert an die Geburt, an das Entwurzeln und Reinigen oder Fegen. Mit dem Zeichen des Fusses: anlehnen (cf. Fig. 114).

Urh, die Frau, *„femal,. woman*" geschrieben mit den Zeichen der Frau und des Ohres, Fig, 110, *„ear. handle. cup.*" Das Zeichen des Ohres bedeutet mit dem Zeichen der Thür: hören, riechen. Mit dem Zeichen des Schlages (Fig. 77): schicken *„to employ. to cause to go.*" Das erinnert an das Zeichen des Schlages mit der Thür, welches den Frühlingsaufgang bedeutet. Mit dem Zeichen des Drachen: taub. Der Drache, *lung,* ist ein Bild des Himmels. Das erinnert an die von dem Himmel verschlossene Erde, Fig. 44. Die Empfänglichkeit ist schon mehrfach als eine weibliche Richtung vorgekommen. Die Taubheit namentlich erinnert an den Cretensischen Zeus ohne Ohren (*Plutarch de Iside et Osir. 75. ἀγαλμα μη ἐχον ὠτα*) und an den Priap ohne Ohren (*ἀνουατον cf. Zoëga. de Obelisc. S. 230*). Das Ohr bedeutet ferner mit dem Zeichen des Menschen: den Zweiten, Nächsten und Helfenden. Mit dem Zeichen der Speise: Köder. Mit dem Zeichen des Metalles: den Haken „*hook. barb.*" Mit dem Zeichen der Hand: nehmen „*to take. assume. seize what* „*is not given. receive wh. is offered.*" Diese Zeichenverbindung, *tshëu,* bedeutet mit dem Zeichen der Frau: heirathen „*to marry a woman.*" Offenbar kommt hier unmittelbar nur die Bedeutung des Nehmens in Betracht, und man darf die Zeichenverbindung nur auslegen: eine Frau nehmen. Dabei aber bleibt es bemerkenswerth, dass gerade die Zeichen der Hand und des Ohres, welche anderwärts als androgyne Bilder gebraucht sind, in Anwendung kommen. Nach Horapollo bedeutet das Ohr „*μελλον εϱγον*“ (II. 22.) In *Causaei Museum Roman.* wird das zur Erklärung des *phallus auritus* angewendet. Zunächst liegt wohl in dieser Bedeutung nichts Anderes, als das Hören, Gehorchen und Folgen, wie in der chinesischen Zeichenverbindung des Ohres und Menschen. In dem neuen Style (*kwan-hoa*) ist das Ohr, *urh,* und das Kind, *urh,* Zeichen des Diminutivs. Für die Verwandschaft Beider spricht schon der Gleichlaut.

Hëu, alte Frau, geschrieben mit dem Zeichen der Frau und dem Zeichen *këu,* Fig. 111, „*a period. sentence. expres-* „*sion. sprouting or budding out in curling manner. Këu-* „*mang. God of spring*" (*mang* „*sharp beard or point of* „*grass.*" cf. Fig. 30, 40, 51, 105). Das Alter erinnert an die Vollkommenheit, wie in Fig. 108 und 54. Die Züge, welche in Fig. 111 mit dem Zeichen des Mundes verbunden sind, scheinen nach andern Zeichenverbindungen zu schliessen, eine Form des Zeichens der Verzweigung, Fig. 149, darzustellen, was auf das Gegenwärtige sehr wohl anwendbar sein würde. Die Vereinigung von Bedeutungen erinnert an den Mund der Erde. Das Zeichen bedeutet mit dem Zeichen der Erde: feuchte Erde „*dust with damp or wet. scurf. filth. dirt.* „*mire. mud,*" was an den Moder als Urstoff erinnert, cf. Fig. 88 — 93. An die Stelle des Zeichens *këu* tritt in dieser Beziehung auch das Zeichen der Königin, *hëu.*

Yin „bride. person made for man" geschrieben mit dem Zeichen der Frau und dem Zeichen der Ursache, Fig. 53, oder des Mahlstromes, *yuen,* Fig. 112, *„whirling between two „shores. eddy. whirlpool. deep abyss."* Dieses Zeichen deutet durch den Laut auf das Zeichen der ursprünglichen Ergiebigkeit, Fig. 138, und auf das Zeichen der Kreisbewegung, und erinnert wegen der Beziehung auf einen Punkt, und der Abhängigkeit des Aeussern von diesem Punkte, an Fig. 53, 101, 104 und Fig. 55.

Hierher scheint auch der Name *pho* zu gehören *„appel„lative name of woman. old women. mothers. rippled sur„face of water and wrinkled face of old woman."* Geschrieben mit dem Zeichen der Frau und dem Zeichen *po,* welches bedeutet: *„ruffled surface. water moved and agi„tated by the wind. wave. fall of water. glare of water. „shining brightness, as eye and moon."* Anstatt dessen wird auch das Zeichen *pan* mit dem Zeichen der Frau verbunden. Dieses Zeichen bedeutet die Kreisbewegung (cf. Fig. 156 Schiff und Stab).

Auch liesse sich hierher der Name *yang* beziehen *„wo„man designating herself. i. me"* geschrieben mit den Zeichen der Frau und der Mitte, *yang, „ta,* Fig. 9, *in the midst „of kiung, a voide space. in midst of. separated in the „midst. half. terminate. finish. wide extensive, fine fresh „appearence."* Dieses Zeichen hat einige Verwandschaft mit Fig. 53, wo das Zeichen *ta* in dem Einschlusse stand, und erinnert an die Insel, Fig. 108. Alle diese Zeichen gewähren eine Beziehung auf die Erde, welche mitten in dem Umkreise des Himmels ist, und auf das Frauengemach, welches mitten in dem Hause ist.

Pin „woman. bride. deceased wife," geschrieben mit den Zeichen der Frau und des Paares, Fig. 113. Der obere Theil des Zeichens stellt zwei Menschen, der untere zwei Schilder dar *„two men with two shields. two standing together. and. „also. moreover. act of coition."* Dieses Zeichen bedeutet mit dem Zeichen des Leichnams: verbergen und auswerfen *„to screen. cover. reject. put away,"* was sich auf Empfängniss und Geburt zu beziehen scheint. Mit dem Zeichen des Holzes: *„crossbeam between two pillars."* Mit dem Zeichen des Gefässes: *„pitcher for drawing water. vessel*

„for blowing up the fire." Mit dem Zeichen des Messers: *„to make or form at first. original pattern."* Das Zeichen wird dabei auch durch das Zeichen des Brunnens vertreten, welches die ursprüngliche Eintheilung der Ländereien bedeutet. Die Zeichenverbindung bedeutet auch verwunden, und in dieser Beziehung wird anstatt des Zeichens *ping* das Zeichen der Scheuer stellvertretend. Mit dem Zeichen des Bogens: *„to stretch and let go."* Das erinnert an das Verbergen und Auswerfen und an das Bogenschiessen *mi*, welches die Mutter bezeichnet. S. 81. Mit dem Zeichen des Ohres: *„the ear closed."* cf. Fig. 110.

Tshie, *„wife. to give the daughter or wife."* Geschrieben mit den Zeichen der Frau und des Kleinodes, welches mit den Zeichen der Kleinheit und der doppelten Decke geschrieben und mit Fig. 92 gleichbedeutend ist. Cf. Fig. 126.

Mi, *„mother. stupid old woman."* Geschrieben mit dem Zeichen der Frau und dem Zeichen *mi*, bestehend aus den Zeichen des Reiskornes und des Ganges *„deceived perturbed „state of mind. blind stupid attachment. to stupify. puzzle."* Das ist der blinde abhängige Gang des Samenkornes. Die Anwendung der Bedeutungen auf das mütterliche Leben erinnert an die blinde Prakriti und die bewusstlose Milch.

Pih, Mutter. Geschrieben mit dem Zeichen der Frau und dem Zeichen *pih*, welches bedeutet: *„to end. close. completed. terminated. at last. a writing document. wooden stilts „for lifting victims."* Das erinnert an den Löffel (Fig. 102, 108, 124) und an die Zahl 10 als Zahl der Erde und der Vollendung. Das Zeichen bedeutet mit dem Zeichen des Mundes: *„fragrance of mouth or speach. fragrance of plants „loquacity. obscure discourse."* Das gleicht dem athmenden und entwerfenden Munde der Erde. Mit dem Zeichen der Hand: ziehen (cf. Fig. 104). Mit dem Zeichen des Bogens: Bogenschiessen (cf. Fig. 105). Mit dem Zeichen des Holzes: Bauholz *„timber."* Für das männliche Wesen wird das Zeichen des Erbauens gegeben, Fig. 142, so bleibt für das Weibliche das des Baumaterials, wie Aristoteles sagt: „το ἀρρεν „ὡς της κινησεως εχον την αρχην, το δε θηλυ ὡς ὑλης." (*De generat. animal. I. 2.*) Bei dem *yin* nnd *yang* trat dieses Verhältniss nicht hervor. Beide Bezeichnungen deuten augenscheinlich wieder auf die Ueberlieferung des Keimes, welcher in dem Manne unentfaltet bleibt wie ein Gedankenbild, und erst in dem mütterlichen Wohnorte die Stoffe findet, mit welchen er in der Wirklichkeit ausgeführt wird. Das Zeichen bedeutet ferner mit dem Zeichen des Geistes: *„sacrifice „to the spirit of domestic furnace."* Der Ofen ist das Bild der Welt und der Gebärmutter, Fig. 119. Mit dem Zeichen der Seide: *„to wrap round an official seal."* Da die Schwangerschaft, Fig. 162, mit dem Zeichen der Einhüllung geschrieben wird, so lässt sich die hier genannte Art der Einhüllung in ähnlichem Sinne deuten. Da der Name der Frau, *yang,* Fig. 102, aus den Zeichen des Siegels und des Löffels besteht, so wird auch das hierher zu beziehen sein, und das gegenwärtige Zeichen wird bestätigen, dass dort nicht die Aufnahme des Phallus, sondern die des Keimes gemeint ist. Das Zeichen bedeutet ferner mit dem Zeichen der Haut: *„figures drawn on it."* Diese Bezeichnung scheint sich nochmals auf die Ausbildung und Ausführung des zuerst nur in dem Geiste gehegten Keimes zu beziehen. Das Zeichen der Frau bedeutet mit dem Zeichen der Malerei (Fig. 144, *wen „to draw a line, paint a picture or representation of a „thing. ripple on surface of water. letters."*): das Leben *„to bear. to live."* Diese Zeichenverbindung erinnert zugleich an das vorhin genannte Zeichen *pho,* wo die wellige Oberfläche des Wassers auf die runzlige Haut bezogen werden sollte, während es nach dem Gegenwärtigen weit näher liegt, dieselbe auf die aus der gleichmässigen Fläche hervorgehenden Umrisse, gleich den Grundzügen eines Bildes, zu beziehen. Die Bedeutung des Tragens, der Widmung für ein Fremdes, gleich der tragenden Prakriti, erinnert an Fig. 94 sq.

Das Zeichen *pih* bedeutet ferner mit dem Zeichen des Fusses: den Weg vor dem Kaiser räumen *„to cause to stop. „to oblige to halt. to clear the way before the emperor."* Das erinnert an die Ruhe des *yin,* an die Spalte, welche Durchgang lässt, Fig. 47, und ebenfalls die Ruhe bedeutet, und passt auf den Keim, welcher als Herr über das Gehäuse gebietet, und freien Ein- und Ausgang hat. Ueberall liegt die allgemeine Bedeutung der Vollendung zu Grunde.

Yu „mother. old woman. to nourish. applied to nature, „under idea of mother." Geschrieben mit den Zeichen der Frau und des Aufenthaltsortes, *khiu,* Fig. 114, welches aus den drei Zeichen des Mundes, die Zwei unter dem Vorstande eines Dritten bedeuten, S. 69, und aus dem Zeichen des Verbergens, *hi*, besteht. „*Khiu, phin, many, and hi, to conceal. place „to conceal. to store up, or lay up. small house or room. „to class. to separate. a separating line or boundary. small. „trifling. petty.*" Das Zeichen wird auch gelesen *këu*, und bedeutet „*bent. curved. to grow. to sprout out in a bent or „curling manner.*" Das letztere erinnert an das Zeichen *këu*, Fig. 111. „*Ta-khiu, the great abodes, heaven and „earth.*"

Die drei Bilder des Mundes dürfen nicht, wie in der Erklärung geschieht, nur mit der Bedeutung der Menge, *many*, abgefertigt werden; denn sie unterscheiden sich durch ihre Zusammenstellung von den drei Bildern des Mundes in einer Reihe, welche „*voices of many*" bedeuten, indess die in ein Dreieck geordneten Bilder ausdrücklich bezeichnet werden, als: „*many mouths or persons, to whom order is dictated „by one presiding,*" wobei hinzugefügt wird, dass Zwei streiten, und der Dritte entscheidet. Daher bedeutet das Zeichen *phin* Ordnung, Gesetz, und ein Ding überhaupt, weil alles Vorhandene das Princip der Weltordnung, *li*, eingeprägt enthält, was, wie oben gesagt, durch das Wort *sing*, Natur, ausgedrückt wird. Also müssen die Bedeutungen: „*series. de„gree. class. sort. rule. to arrange. a thing or substance*" festgehalten werden. Die Linien, welche das Zeichen *phin* umgeben, bedeuten die Verbergung, *hi*. Die untere gebogene Linie heisst *yin*, und bedeutet: „*to conceal. covered over. „secret. represents going in a curved direction, or with „knees bent in order to hide something*," und ist bereits in Fig. 83 vorgekommen. Die obere wagerechte Linie ist das Zeichen der Einheit *yih*, und bedeutet hier „*forming a cover.*" Das aus diesen beiden Linien bestehende Zeichen *hi* bedeutet „*the secreting or dropping out of a thing.*" Das Zeichen wird ausdrücklich von dem ähnlichen Zeichen *fang* unterschieden, welches „*a vessel to contain things*" ist. Daher ist auch bei dem Zeichen *khiu* die Bedeutung des Gefässes, streng genommen, nicht statthaft, sondern nur die der Bedeckung und Verbergung, mit Voraussetzung des Hervorgehens. Das passt zuvörderst auf die Bedeutung des Aufenthaltes (*abode*), des Speichers (*place to conceal. to store up*) und des kleinen

Raumes (*small house or room*), welcher nicht vieles zugleich, sondern Alles nach einander enthält. Die Bewegung in einem beschränkten Ort setzt eine Anordnung bei dem Einlegen und Herausnehmen voraus. Das Zeichen *hi*, welches zugleich das Hervorgehen (*dropping out*) bedeutet, giebt Anweisung, die entscheidende Ordnung zumal auf das letztere zu beziehen. Alles das bereitet die Bedeutung des gekrümmt hervorgehenden Keimes („*to sprout out in a bent or curling manner*") vollständig vor. Hier scheint selbst die Bedeutung des gekrümmt Gehens, *yin*, noch durchzuwirken. Der Keim enthält die Mündungen der künftigen Zweige schon geordnet in sich, wie in einem Speicher, und dieselben gehen nach einer bestimmten Ordnung hervor. Aber er enthält, wie sein äusserer Umfang zeigt, gleich einem engen Speicher, nicht Alles, was jemals aus ihm hervorgeht, sondern er ist nur ein Durchgangs- und Ruhepunkt, in welchen Güter einerseits niedergelegt werden, um andererseits entnommen zu werden. An die Bedeutung des Durchgangspunktes schliesst sich die der Grenze. Solche Aufenthaltsorte sind Himmel und Erde, indem sie die Zahlen der Geschöpfe und Erzeugnisse nicht zugleich, sondern in einer Reihenfolge und eine Zeit lang enthalten. Dasselbe passt auf die Mutter, welche nach einander den Keim und die Nahrung desselben enthält. Das Zeichen gewährt in seinen ferneren Complicationen merkwürdige Bedeutungen. Zuvörderst bedeutet dasselbe mit dem Zeichen des Rindes: den Stier „*bull.*" Das zeigt wiederum von der Gleichsetzung des weiblichen und männlichen Wesens. Mit dem Zeichen des Mundes oder der Ausathmung: „*a rising from the stomach. to spit out. vomit.*" Das erinnert an die ausbrechende Erde, und zeugt wiederum von der Gleichsetzung aller Arten der Aeusserung. Mit dem Zeichen des Körpers: den Körper, „*the body,*" *khiu*. Wenn es heisst: „*the material body is merely a case or shell,*" so ist dieses Zeichen *khiu*, welches aus den Zeichen des Aufenthaltes und des Körpers besteht, durch *case* übersetzt, was, wie sich aus dem Obigen zeigt, wohl nur uneigentlich geschieht. Dem Körper kommt, insofern er kleine Welt (*siao-thien-thi*) genannt wird, dieselbe Benennung als Aufenthalt zu, welche Himmel und Erde erhalten. Uebrigens scheint diese Benennung weniger Beziehung auf den Durchgang der Keime als auf den allgemeinen Stoffwechsel zu haben. Es scheint aus dem Obigen hervorzugehen, dass in dem Zeichen *khiu* namentlich der zeitweilige Aufenthalt und das Verweilen berücksichtigt ist. Wenn es nun heisst, der Körper sei nur *khiu* oder *kho*, so ist anzunehmen, dass *kho* in der ihm eigenen Bedeutung Schale genommen ist, indess *khiu* anzeigt, dass diese Schale dem mittels der Verwandlung und des Kreislaufes hindurch gehenden Stoffe einen Aufenthalt und Ruhepunkt gewährt. Mit dem Zeichen der Krankheit: *„hunch-back.“* Auch Fig. 111 hat diese Bedeutung. Das erinnert zuvörderst an das Zeichen *ya* und Fig. 94. Der Höcker wird auch genannt *tho*, geschrieben mit dem Zeichen der Krankheit und dem Zeichen des Lasttragens *„to bear. to carry. carried by beasts of burden.“* Dieses letztere Zeichen bedeutet mit dem Zeichen des Berges *„uneven irregular,“* und bildet die dritte Sylbe in dem Namen des Buddha *O-mi-to*. Dasselbe bedeutet ferner mit dem Zeichen des Wurmes: die Schlange, ohne Zweifel, weil sie bei dem Gehen den Rücken krümmt (καμπη), weshalb auch das Sanskritwort *naga* den Berg und die Schlange bedeuten mag. Das Zeichen der Schlange, *sche*, bedeutet mit dem Zeichen des Wassers: das Wasser. Bei den Aegyptern (*Horap. I. 2*) bedeutet die Schlange die Welt, weil sie schwer wie die Erde und schlüpfrig wie das Wasser ist. Aus der genannten Zeichenverbindung zu schliessen, bedeutet die Schlange hier das Wasser wegen der Bewegung in Wellenbogen. Das ist wichtig wegen der Vieldeutigkeit des Bogens und der Krümmung, welche in den angeführten Bezeichnungen so ungemein häufig vorkommen. — Fig. 114 bedeutet ferner mit dem Zeichen des Menschen: *„to bend forwards by respect. „hunch-backed“* was einen Uebergang zu der Bedeutung des Dienens giebt. Mit dem Zeichen des Messers: *yëu-thëu* (Fig. 160) *„to pick out with sharp instrument,“* was auf das Keimen zu deuten ist (Fig. 30, 40). Mit dem Zeichen des Schlages: austreiben. Der Schlag bedeutet die Veranlassung und Anregung. So bedeutet er mit dem Zeichen *ping*, Fig. 36, die Verwandlung, gleich als wenn der blosse Eintritt des *yang* in die Welt nicht stattfände oder nicht ausreichte, sondern mit einem Schlage geschehen müsste. (Diese Zeichenverbindung bedeutet zugleich die Nachtwache, cf. Fig. 172.) Das Zeichen *khiu* bedeutet ferner mit dem Zeichen des Gefässes: einen Becher *„cup.“* Auch hier kommt das Zeichen nicht, weil es selbst ein Gefäss wäre, sondern als vorübergehender Aufenthaltsort in Anwendung. Mit dem Zeichen des Wassers: einweichen *„to apply water for a long time. to „steep. soak. macerate. soften by steeping.“* Die ausdrückliche Nennung der langen Zeit erinnert einigermaassen daran, dass der fliegende Staub *„lange“* bedeutete. Auch ist wohl berücksichtigt, dass das Wasser durch die trocknende Kraft des Himmels, wie von selbst, wieder entweicht. Die Bedeutungen weisen übrigens hier nicht auf den Ausgang, sondern auf den Eingang in den Speicher. Mit dem Zeichen der Erde: *„hilloc of sand. tomb.“* Wahrscheinlich ist die Hauptbedeutung die regelmässige Gestalt des Sandhügels, dessen unzusammenhängende Theile sich in einer gewissen Ordnung zusammenlegen. Mit dem Zeichen des Berges: *„rugged. „uneven hilly appearence. abrupt peaked mountain.“* Auch hier scheint die Bedeutung einer inneren Regelmässigkeit nicht verdrängt werden zu können, weil sich die Anwendung des Zeichens nicht anders erklären lassen würde. Mit dem Zeichen des Fusses: *„to walk lame“* (cf. Fig. 131, 143). Die Lahmheit des Puruscha wird als anderweit ausschliessliche Beschäftigung erklärt. Etwas Aehnliches lässt sich hier vermuthen. *Khiu* bedeutet nämlich, wie oben erklärt ist, die ersten Keime. Das Zeichen *tschuen* bedeutet die jungen Keime und zugleich *„to be minutely and devotely attentive;“* in diesem Sinne bedeutet das Zeichen auch die Kreisbewegung, d. i. die Bewegung mit Richtung nach einem Punkte. Eine entsprechend strenge Richtung weist das Zeichen *khiu* zwar unter seinen Bedeutungen nicht auf, aber dieselbe würde sich nach dem Gesagten ohne Zwang zu Gunsten der Erklärung anführen lassen. — Mit dem Zeichen des Baumes: *„centre „of motion. hinge. what is central. fundamental. indispen- „sable. to twist or distress the mind.“* Auch die Mutter wird in Verhältniss zu dem Kinde mit der Wurzel verglichen. Die Grundlage und Wurzel erinnert an den Aufenthaltsort. Der Mittelpunkt erinnert an den Durchgangspunkt (cf. Fig. 101). Mit dem Zeichen der Speise: *„quite full. satiated. „gorged.“* Die Sättigung erinnert an die vorübergehende Anfüllung des Speichers (cf. Fig. 162). Mit dem Zeichen des Metalles: *„ring for pulling a door.“* Das ist ähnlich der

Angel, dem Mittel der Bewegung. Mit dem Zeichen des Ganges: *„to go and come,"* das weist deutlich auf die anfangs bestimmte Bedeutung des Durchganges, welcher als Ein- und Ausgang erscheint. Mit dem Zeichen der Axt: *„to dig „out. to pick out with an instrument."* Das ist die Ausleerung des Speichers, und erinnert an die Axt in der Thür (Fig. 120). Mit dem Zeichen des Krautes: ernähren. Mit dem Zeichen des Feuers: *„extremely hot."* Mit dem Zeichen der Sonne: *„sun warm."* Diese Bedeutungen bezeugen die wesentliche und wirksame Gegenwart (wie Fig. 108), welche aus der Bedeutung des Enthalten-seins folgen kann.

Pin, „married woman. to give a woman in marriage. „handsome or beautiful woman. wife deceased." Geschrieben mit den Zeichen der Frau und des Gastes, Fig. 115, *„on wh. „is paid respect and attention. guest. visitor. to receive a „visitor. to be subjected to the influence of civilisation."* Die Figur besteht aus dem Zeichen des Daches, *mien,* als oberem Theile, dem Zeichen des Bettelns, *„to beg. take. give," kai,* und dem Zeichen der Perle. Die beiden ersten Zeichen allein bedeuten schon den Gast. Indem das Zeichen der Perle hinzukommt, scheint der Gegenstand des Gebens nnd Nehmens bezeichnet zu werden, wie das Dach den Ort der Verhandlung bezeichnet. Es wird also nicht um Obdach, sondern um das Gastgeschenk, die Perle, gebeten (cf. Fig. 92, 93). *Pin* bedeutet mit dem Zeichen des Todes: *„to put the death in „coffin and carry forth to the grave."* Die Einlegung des Keimes ist auch anderwärts dem Begräbnisse gleichgesetzt. (Creuzer I. S. 406.) Mit dem Zeichen der Seide: vermischt, in Verwirrung (cf. Fig. 54). Mit dem Zeichen des Wassers: das Ufer; d. i. der Gast des Wassers; denn es erhält von dem Wasser die Gaben des Lebens.

Liao, „mother. corruscation of pleasantry. seductive. „wanton play and trifling." Geschrieben mit den Zeichen der Frau und des Signalfeuers, *liao,* Fig. 116, *„fire lit up in va„rious ways and in various places, as in signal."* Dieses Signalfeuer ist nicht bestimmt, selbst zu erscheinen, sondern nur an dem Rauche erkannt zu werden; denn vermuthlich ist es dasselbe, dessen Zubereitung unter dem Zeichen *fung* beschrieben wird *„brick pyramid, hollow and open at top, wh. „is filled with combustibles, and set fire to, to form a*

„signal by the ascent of smoke." Dass *liao* dieselbe Art des Signales bedeutet, lässt sich allenfalls daraus abnehmen, dass dasselbe mit dem Zeichen des Daches bedeutet: *„small win-„dow. to study at the same window. fellow officers.*" Dieses Fenster kann auch die kleine Oeffnung sein, aus welcher der Rauch strömt, und auf welche Alle Acht haben. Das Signal erinnert an Fig. 55, 53, 104, 112. Die Bedeutnng wird noch deutlicher durch das Zeichen *hiuen,* welches ein musikalisches Instrument, Fig. 117, bedeutet. *„Instrument of mu-„sik, made of burnt earth, as large as a gosses egg or „hens egg; hiuen's import is the ascending of vapour or „smoke.*" Dieser Erklärung zufolge wird das *hiuen* geschrieben mit den Zeichen der Erde und des aufsteigenden Rauches, Fig. 118, *„vapour or fog ascending from tops of hills. „hot vapour. fumes and exhalations arising from fire. eva-„poration. vapour. applied to mind. to give offence. to in-„cense.*" Der oberste dreizackige Theil der Figur ist der Pflanzenkeim, *tschhe, „the first growth of trees and plants,*" welcher in Fig. 57 unter der Erde, und in Fig. 50 so eben hervorgehend abgebildet ist. Das Uebrige ist das Zeichen der schwarzen Farbe, *hih, „colour produced by smoky exhala-„tions. black. dark. dull. obscure. dark spot.*" Der obere Theil dieses Zeichens *hih* ist das Fenster, *tschwang, „window, eye „of house. represents the lattice work placed in windows.*" Darunter sind zwei Zeichen des Feuers, *ho,* über einander, *yen, „intended to represent the ascending flame. velocity of „flame. light of flame ascending.*" So ist das Zeichen der Schwärze gebildet *„from two fires and opening, where the „black smoke issues forth.*" Das Instrument scheint, indem es, wie Fig. 117 zeigt, an der Spitze gespalten ist, ein Bild der Erde zu sein, aus deren Spalten der wässrige Dunst aufsteigt; oder ein Bild des Berges, Fig. 60, 61. Der obere Theil von Fig. 116 bedeutet *„sincere. thoughtful. careful,*" der untere Theil ist das Zeichen des Feuers. Das ist das Feuer als Signal, Wahr- und Warnungszeichen. Das Zeichen *liao* bedeutet mit dem Zeichen des Metalles: einen leeren Ofen *„empty furnace.*" Da das weibliche Organ den Ofen bedeutet, so lässt sich das Zeichen *liao,* welches nicht einen Schmelz- oder Brütofen bezeichnet, sondern nur ein Gefäss des Feuers, welches aussen als Signal erscheinen soll, einiger-

maassen mit der Mutter vergleichen, welche die Frucht nicht mehr enthält, sondern als ein Zeichen ihres Lebens äusserlich trägt.

Der Ofen, *lu*, Fig. 119, *„vessel for containing rice. a „place to contain fire. furnace. a place for selling liquors. „black colour. reeds th. grow by side of rivers. furnace. „stove. fireplace. vessel for incense. the femal vagina." „Heaven and earth are a great furnace."* Der obere Theil der Figur ist das Zeichen des Tigers, *hu*, der untere das des Gefässes, *ming*, der mittlere Theil ist unbestimmt. In der neueren Schrift erscheint derselbe als das Zeichen des Ackers, in der alten Schrift kommt er unter verschiedenen Formen vor, und ist in Fig. 119 dem Zeichen der Ursache, des Mittels, *yëu*, am ähnlichsten. Auch würde dieses Zeichen einen guten Sinn geben. Das untere Gefäss ist der Heerd, der Tiger ist die Decke, durch welche sich der Ofen von dem offenen Heerde unterscheidet, das mittlere Zeichen ist der Brennstoff, das Mittel. Die manchfaltigen Bedeutungen des Zeichens *lu* lassen sich nicht alle in unmittelbaren Zusammenhang bringen. Die schwarze Farbe erscheint als ein Erzeugniss des Feuers, wie in Fig. 118, und schliesst sich daher an die Bedeutung des Ofens. Das Gefäss, welches Reis enthält, kann an den Backofen erinnern, und, indem *lu* auch die Welt bedeutet, auf den Urstoff deuten, welcher als Gefäss benannt, und mit dem Zeichen des Reiskornes geschrieben wurde. Der Ort, wo Wein verkauft wird, steht zwar mit dem Genannten in keinem wesentlichen Zusammenhange, es ist aber unmöglich, hierbei nicht an die Bereitung des Weines aus Reis zu denken. Es wurde bereits bei Beschreibung des Urstoffes erwähnt, dass jenes Reiskorn weniger zu der vegetabilischen Entwicklung als zu der Gährung bestimmt zu sein scheine. Bei den Bezeichnungen des Chaos fand sich eine Beziehung zu der Gährung (Fig. 54). Auch könnte man vielleicht den unentwickelten Keim, Fig. 57, hierher deuten. Es findet sich keine Nachweisung, ob der zu der Gährung bestimmte Reis bis zu dem Keimen gebracht ist; falls das aber geschehen wäre, würde ein völliges Verständniss jenes Zeichens stattfinden, indem man jene Bezeichnung auf die gewaltsam unterbrochene und rückgängig gemachte Entwicklung zu beziehen hätte, ohne dass irgend eine der oben gegebenen Erklärungen beschränkt würde. Ausserdem bleibt zu bemerken, dass *lu* das weibliche Organ bedeutet, welches auch mit dem Zeichen des Leichnams und des Weines, *tsiëu*, (der obere Theil von Fig. 32) bezeichnet wird. Für die letzte Bedeutung: Rohr, welches an Flüssen wächst, ergiebt sich nichts Zuverlässiges. Man müsste sich etwa begnügen, die häufig stattfindende Verwechslung oder Gleichsetzung der Matrix und des Erzeugnisses auch hier vorauszusetzen, und die schwarze Erde angedeutet zu sehen, aus welcher das Uferschilf wächst. Wenigstens bedeutet das Zeichen des Ofens mit dem Zeichen der Erde: *„black stiff earth. earth not yet broken up by cul-„tivation,"* und mit dem Zeichen des Auges: die Pupille; was an das schwarzerdige Aegypten, die Pupille der Erde, erinnert. Das Zeichen des Ofens bedeutet ferner mit dem Zeichen der Haut: *„the skin of belly"* und mit dem Zeichen des Fleisches: *„front of abdomen. arranged in order. to „transmit from a higher to a lower authority."* Das erinnert zuvörderst an den Rücken, welcher dem kalten Norden entspricht, so dass schon oben bemerkt wurde, dass dann der Süden mit der Bauchseite zusammentreffen müsste. Hier scheint etwas Aehnliches zu geschehen, indem der Ofen die Bauchseite bezeichnet. Sodann aber kommt die Bedeutung des Reisgefässes in Betracht, als welches der Bauch bezeichnet werden kann. Die Beschickung nach unten scheint auf den Ausgang der Nahrung zu deuten (cf. Fig. 123). Mit dem Zeichen der Sonne: das Strahlen und Leuchten der Sonne. Mit dem Zeichen der Hand: Ausdehnung. Das lässt sich auf die Ausdehnung mittels der Wärme beziehen, cf. Fig. 19. Mit dem Zeichen des Pferdes: den Esel.

Die Thür, *hu*, Fig. 120. *„Door. opening. hole. orifice. „the vagina. principal person in family. master of ship. fa-„mily. house. to stop."* Dieses Zeichen, welches durch seine Gestalt an Fig. 62 und 11 erinnert, bedeutet mit dem Zeichen des Feuers: den Ofen, mit dem Zeichen des Pferdes: den Esel, und wird in beiden Bedeutungen völlig stellvertretend für das vorige Zeichen. Mit dem Zeichen der Sonne: Licht und Glanz. Mit dem Zeichen des Mundes: Blumenknospen. Oeffnung. Glanz. den Morgenstern. Mit dem Zeichen des Schlages (Fig. 77): *khi*, *„to open. explain. state. declare. „inform. instruct. separate. distinguish. engrave on. left*

„wing of army. front of army. spring and summer. clearing „up of heavens. to kneel. horse with right foot white." Die Hauptsache dieser Bedeutungen passt auf die Spaltung und den entwerfenden Mund der Erde. Der Laut erinnert an den Urstoff und die Sonne in der Spalte. — Mit dem Zeichen des Fleisches: Schulter und tragen (cf. Fig. 104). Mit dem Zeichen des Schweines: das Schwein. Wahrscheinlich, gleich dem Esel, wegen der Eröffnung zu Fruchtbarkeit (cf. Fig. 58). Mit dem Zeichen des Pinsels: *„to originate. „sheme. plan. open.*" (cf. Fig. 142). Mit dem Zeichen der Seide: den Schuh (cf. Fig. 104).

Eine Verdoppelung des Zeichens giebt das Zeichen der offenen Thür, *mao*, Fig. 121, welche den Frühlingsaufgang *„flourishing. abundant. luxuriant*" bedeutet. Cf. Fig. 34. Sind die beiden Hälften von Fig. 121 so zusammengestellt, dass die Figur durch die senkrechten Linien nach aussen begrenzt wird, so entsteht das Zeichen der Flügelthür, *mun*, *„two leaved door.*"

Hieran schliesst sich das Zeichen *khwa*, Fig. 122, *„dis- „torted mouth.*" Das Zeichen besteht aus dem Zeichen des Mundes und dem Zeichen *kwa*, welches bedeutet: *„to sepa- „rate the flesh from, and place the bones apart.*" In welchem Sinne diese Zeichenverbindung hergestellt ist, kann man daraus ersehen, dass dieselbe mit dem Zeichen der Kugel die Ballen bedeutet, welche die Raubvögel auswerfen (*„aves ra- „paces pellem et crines devoratorum globatim evomere*" ***Klaproth***). Da nun bekanntlich unter diesen Haarkugeln sich auch die Knochen befinden, so stellt sich das ursprüngliche Zeichen, welches die Absonderung des Fleisches von den Knochen bedeutet, schon in ein Verhältniss zu dieser letzten Bedeutung. Fig. 122 bedeutet ferner mit dem Zeichen der Erde: den Schmelztiegel *„crucible.*" Nun wird erzählt, die ersten Menschen seien in einem Schmelztiegel erschaffen worden. *„These five persons* (cf. Fig. 145) *obtained by a chemical „process from an immense crucible a male being and also „a femal.*" Es ist an der bezeichneten Stelle wahrscheinlich gemacht worden, dass diese Fünf die fünf Elemente bedeuten. Da die Welt ein Ofen heisst, so erinnert der untere Theil des Ofens, das Gefäss (Fig. 119) an den Heerd nicht nur, sondern auch an den Schmelztiegel. Der Schmelztiegel wird wahrscheinlich wegen der in ihm bewirkten Scheidung mit dem Zeichen *khwa* bezeichnet. Endlich bedeutet das Zeichen mit dem Zeichen der Frau: *Wa, Niu-wa*, die Frau des *Fuh-hi*, (*niu i. q.* Frau) welche Wolke, *yun*, genannt wird, indess er: Wind, *fung*, heisst. „*Niu-wa, soeur ou femme „de Fo-hi, appellée aussi Niu-hi et Niu-hoang, souverain „des vierges, et hoang-mu, souveraine mère et wen-ming, „lumière pacifique.*" (*Wen* das Zeichen, welches den unteren Theil von Fig. 144 bildet, und mit dem Zeichen der Frau „leben" bedeutet). „*Elle est la vierge divine, qui convertit „toutes les choses. Elle preside aussi aux mariages*" (Pauthier a. a. O.). In derselben Beziehung heisst es von derselben bei Morrison: „*she melted rocks and repaired the heavens.*" Das Nennen der Schmelzung deutet unmittelbar auf eine Beziehung des Zeichens zu der andern Zeichenverbindung.

Das Rindermaul, *kao*, Fig. 123, „(*cow and mouth*) *to ac- „cuse. to lay open before. announce. declare. tell. order. „ask. entreat. announce to a superior.*" Aus dem Kuhmaule, *gomukha*, fliesst das bei dem indischen Lingadienste gebrauchte Wasser. Die Kuh selbst bedeutet dort in dem Worte *ila: 1. vacca, 2. terra, 3. sermo, 4. cibus*, und in dem Worte *go: 1. vacca, bos, 2. fem. terra, locus, spatium, sedes, 3. masc. coelum, 4. m. luminis radius, 5. f. oculus, 6. f. oratio, sermo.* Wie der Mund der Kuh die Rede im Allgemeinen, so bedeutet bei den Aegyptern das Ohr des Stieres das Gehör im Allgemeinen (Horap I. 47). „*Επειδην γαρ ἡ θηλεια ὀργωσα προς συλληψιν, τοτε μυκαται μεγιστον, ἀκουει δε ὁ ταυρος απο πολλον διαστηματος, δια δρομον παραγινεται.*" Das erinnert an den Krischna als Kuhfinder, *govinda*, und an den Berg, welcher dem Siva, dem auch der Stier heilig ist, angehört, und mit dem Ohre verglichen wird, indem die Erde die bergohrige, *girikarnaka*, heisst. Auch mag es hierher gehören, dass das Zeichen des Kuhmaules mit dem Zeichen des Ohres: „*the ear. to hear*" bedeutet, so dass das Hören des Kuhmaules das Hören überhaupt bezeichnet. Die Bedeutung der Eröffnung oder Ankündigung, welche dem Kuh- oder Rindsmaule zukommt, scheint sich auf das Wiederkäuen zu beziehen. Auch kann die dem Oberen gemachte Ankündigung auf die Rückkehr in den oberen Mund bezogen werden, obwohl dieselbe sich auch auf die den Stier rufende Kuh, und die dem Himmel nachrufende Erde (cf. Fig. 84) deuten liesse. Das Zeichen bedeutet ferner mit dem Zeichen des Ganges: *„to build. make. do. act. commence. slow. dilatory. to re- „ceive. advance. go.“* Diese Zeichenverbindung heisst *tsao; tsao-wu,* Geschöpfe erbauen, *„to create.“* Dieselbe Bedeutung mit dem Zeichen des Schiffes. Das erinnert fast an die Arche, aus welcher die neue Welt der Geschöpfe hervorging. Mit dem Zeichen der Schale: *„earth. mould.“* Das ist die die Frucht des Himmels empfangende und auswerfende Erde. Die Schale ist dem Panzer ähnlich; cf. Fig. 29, 31. Mit dem Zeichen des Feuers: *„dry vapour. hot steam.“* Das ist das Kuhmaul des Feuers, das wiederkäuende und auswerfende Feuer, welches den Urstoff, gleich einem von der Speise aufstossenden und rückkehrenden Dunste erzeugt. Mit dem Zeichen des Wassers oder des Mondes: *„appearence „of vast collection of water, as in deluge. overplus. af- „fluence.“* Das erinnert an das Kuhmaul, aus welchem das Wasser fliesst. Dass das Zeichen des Mondes mit dem Kuhmaule verbunden wird, erinnert an den Einfluss des Mondes auf die Fluth *„tide follows the state of moon.“* Mit dem Zeichen der weissen Farbe: *„light of heavens. white lu- „minous appearance of sky.“* Mit dem Zeichen der Sonne: *„appearance of sun rising.“* Mit dem Zeichen des Krautes: *„bark of tree;“* wahrscheinlich, weil die Baumrinde gleich der Erde von Keimen durchbrochen wird. Mit dem Zeichen des Mundes: *„much talk. loquacity.“* Mit dem Zeichen der Thür: *„noise made by a door.“*

Thi, „mother. repose. quiet. elegant. good looking.“ Geschrieben mit dem Zeichen der Frau und dem Zeichen *schi,* Fig. 124, *„from sun on the meridian. straight. direct. wh. „the mind approves and delights in. to be in a certain con- „dition. is. am. to be right.“* Diese Bezeichnung ist in doppelter Beziehung merkwürdig. Zuvörderst verbindet sich unmittelbar mit der Bedeutung der Mutter die Bedeutung der Ruhe, der Eigenschaft des *yin.* Sodann wird diese Vereinigung von Bedeutungen gewonnen durch ein Zeichen, welches die direkte Beziehung der beiden Extreme, die gerade Gegenüberstellung des *yin* und *yang,* und die mittlere Lage der Dinge vorstellt. Die Sonne in dem Meridian zeigt die Culmination des *yang* oder Lichtes, und die vollkommenste Durchdringung der Finsterniss. Die Bezeichnung erinnert daher einerseits an das Demonstrativ, dessen Bild die alte Sonne, Fig. 108, ist, andererseits an das Zeichen der zweiten Person, *urh, „large enclosed space and expanded and enlightened,“* welches mit dem Zeichen der Frau die Milchbrust bedeutet. Die gegenwärtige Bezeichnung ist um so merkwürdiger, als das constituirende Zeichen in andern Verbindungen mit vielen schon beschriebenen zusammentrifft, und die Grundbedeutungen desselben Gelegenheit geben, manche von jenen Bedeutungen noch gründlicher aufzufassen. Das Zeichen bedeutet mit dem Zeichen des Löffels (die linke Hälfte von Fig. 102): *„a small spoon or key.“* Aber auch mit dem Zeichen des Holzes bedeutet dasselbe einen Löffel, und mit dem Zeichen der Hand: *„to raise up. assemble as a flock, said of birds „flying. a spoon.“* Auch Fig. 108 bedeutet die Stäbchen zum Essen. Das Alles erinnert an den Begriff der Schöpfung als Theilung, oder vielmehr Verwandlung, indem, wie bei dem Anfange, die einseitige Abtheilung die anderseitige Vereinigung zu Folge hat. In demselben Sinne bezeichnet das Zeichen des weidenden Hirsches, welches zugleich die Vereinigung bedeutet, mit dem Zeichen der Sonne: die trocknende Sonne, und mit dem Zeichen des Messers: aufschneiden; d. i. die weidende Sonne und das weidende Messer, oder die Vereinigung mit der Sonne und die Vereinigung mit dem Messer. So bedeutet das gegenwärtige Zeichen mit dem Zeichen des Messers: aufschneiden; mit dem Zeichen der Zunge: lekken; mit dem Zeichen des Reiskornes: kleistern (cf. Fig. 101); mit dem Zeichen des Herzens: urtheilen und entscheiden. Bei dieser Wendung der Sache findet keine fernere Veranlassung Statt, vorzugsweise die Empfängniss oder Geburt in Betracht zu ziehen, sondern das Individuum wird nur als ein Durchgangspunkt, wie in Fig. 114, angesehen, gleich dem Lande, in dessen Meridian sich die Sonne aufhält, um einen Augenblick lang ihre unmittelbare Gegenwart zu zeigen. Von den besonderen Bedeutungen sind namentlich zwei anzuführen. Mit dem Zeichen der Pflugschar: *„the poison „of sting.“* Die Pflugschar, welche, indem sie den Grund für die Saat aufbricht, die bestehenden freiwillig entsprossenen Gewächse vernichtet, thut das nur mittelbar, indess der giftige Stachel einen unmittelbar vernichtenden Einfluss hinzufügt.

Uebrigens liegen hier noch andere Vorstellungen zu Grunde, und es zeigt sich eine gedachte Beziehung des Giftes zu dem irdischen und mütterlichen Leben. Das Gift heisst ***thuh,*** welcher Laut an die Erde *thu* erinnert, und wird beschrieben mit dem Zeichen der Mutter „*(mother and to bear.) poison. poi-„sonous. to poison. to hate.*" Die letztere Bedeutung des Hasses scheint einige Anweisung geben zu können. Wie oben gesagt, wird der brütende Vogel als Ruhestörer und Feind der Eier bezeichnet, weil er die Ruhe des schlummernden Lebens stört, und die Eier vernichtet. Es wäre denkbar, dass die Vernichtung, welche die äussern Organe des Embryo erfahren, in demselben Sinne betrachtet, und vielleicht dem giftigen Einflusse des Menstrualblutes zugeschrieben wäre. Manche Bezeichnungen der Frau, wie Fig. 88, 89, könnten darauf gegründet sein, dass die Frau jene giftige Substanz in sich trägt, und sich von derselben reinigt, wie sie dieselbe, ähnlich der aus dem Tode sich belebenden Pflanze, zu Gunsten des Embryo reinigt, bis sie endlich mittels desselben Blutes die Wohnung des Kindes vergiftet, und das Kind selbst austreibt. Als ein Zeichen dessen ergiesst sich nach der Geburt das verderbte Blut. Obwohl man kein vollkommenes Recht zu dieser Erklärung hat, so erscheint doch eine solche Ansicht durch die bereits mitgetheilten Lehren einigermaassen angebahnt, und ist geeignet, in die ganz unerklärlich scheinende Bezeichnung einiges Licht zu bringen. Die andere noch nennenswerthe Bedeutung ist mit dem Zeichen des Metalles: „*sharp point.* „*utensil for receiving blood, to be sipped as a pledge. uten-„sil to spit in.*" Die erste Bezeichnung der Schärfe mit dem Zeichen der Gegenwart erinnert daran, dass die Härte und Schärfe zugleich die Gegenwart bedeutet (cf. Fig. 152), was durch die mit der Zeit erfolgende Abstumpfung erklärt wurde. Die andern Bedeutungen sind merkwürdig in Vergleich mit Fig. 136 und 151.

Ma, „*mare. mother. mamman.*" Geschrieben mit den Zeichen der Frau und des Pferdes, Fig. 125, „*represents the „mane, tail and four feet of horse. horse. enraged. mar-„tial like. ma-khëu,* Rossmaul, *the external orifice uf ure-„thra.*" Das Zeichen des Pferdes bedeutet mit dem Zeichen des Rindes: „*male of brutes. bolt of door. piston or em-„bolus. the part of lock, wh. is inserted into the case con-*

„taining the spring.“ Gleichbedeutend wird das Zeichen der Erde mit dem Zeichen des Rindes verbunden. Auch wird die Erde mit dem Pferde verglichen *„ut inter alata animalia nullum tam rapide versus coelum fertur, quam draco, „ita inter quadrupedes nulla tam indefesse graditur, quam „equa. Inde coelestis materiae yang draconis pernicissimi, „ac terrestris yin equae patientissimae similitudine expo- „natur.“* (*Yih-king ad. kwah*). Auch wird die Erscheinungswelt mit dem Pferde verglichen, wenn es heisst: *„Time „(kwang-yin,* hell-dunkel) *flies like a fleet horse seen through „a crevice“* oder *„time is really like a white mule, seen „through a crevice.“* Das erinnert an die Sonne in der Spalte, und scheint das Pferd fast zu einem Bilde der Sonne zu machen. Das Pferd bedeutet ferner mit dem Zeichen des Wassers: das Wasser, *ma.* Diese Bezeichnung wird erklärlich, wenn das Pferd mit dem Zeichen des Ich (Fig. 171) bedeutet: *„old vicious horse, having cast off its halter. wild. „waste and distant.“* Diese Zeichenverbindung heisst *thai. Thai-thang* bedeutet: *„expanding sensation induced by fine „spring weather.“ Thang,* geschrieben mit den Zeichen des Krautes und des siedenden Wassers (cf. Fig. 19) bedeutet: *„large. wide. extensive. agitated. driven hither and thither, „as plants by the wind. unsettled. spoiled. ruined. dissolute. „dissipated. incoherent.“* So zeigen sich beide Worte als fast gleichbedeutend. Das Pferd, dessen Ausgelassenheit und Zügellosigkeit das herzerweiternde Gefühl bei dem Frühlingsaufgange bedeutet, ist damit dem Wasser verglichen, welches ebenfalls im Frühlinge aufgeht und sich wild ausbreitet. Das Pferd bedeutet ferner mit dem Zeichen des Windes: *„boat „propelled by wind.“* Das scheint der Wind als Zugpferd zu sein. Mit dem Zeichen des Mundes: *„to rail. scold.“* Mit dem Zeichen des Wortes: *„loquacity.“* Diese Bedeutungen sind nicht unmittelbar zu erklären, aber mit der vorhin genannten Bedeutung des Rossmaules in Beziehung zu setzen.

Mo, „mother.“ Geschrieben mit den Zeichen der Frau und der Kleinheit *„small. delicate. minute.“* Dieses Zeichen besteht aus den Zeichen der Kleinheit, *yao,* und des Hanfes, *ma,* und erinnert an die Zurückgezogenheit, Fig. 6, welche mit den Zeichen der Jugend und Kleinheit geschrieben wurde, entsprechend der dem *yin* zukommenden Jugend. Die Bezeichnung kann auch an das Kleinod, Fig. 92, erinnern, welches ebenfalls mit den Zeichen der Kleinheit und der Decke geschrieben wird. Mit dem Kleinode kann auch die Leibesfrucht gemeint sein. Wenigstens ist die folgende Bezeichnung so zu deuten.

Fu, „married woman." Geschrieben mit den Zeichen der Frau und des Tragens, Fig. 126, *„one who has something, „to depend on. to bear on the back. to turn the back on. „ungrateful. to fail. to be defeated. to be ashamed."* Der obere Theil der Figur ist das Zeichen des Menschen, der untere das Zeichen der Perle. Das ist der Träger der Perle (cf. Fig. 92, 93, 94). Die Bezeichnung ist zumal bemerkenswerth, weil das auf dem Rücken tragen mit der Zuwendung des Rückens als Zeichen der Widersetzung unmittelbar zusammenkommt (cf. Fig. 42, 43, 105). Das erinnert an den Rücken der Erde. Die chinesische Mutter trägt, gleich der Erde, ihre Kinder auf dem Rücken, und das Kleid *kiang* ist dazu besonders eingerichtet: *„cloth with bands at corners, in „which mothers carry the childern on back." Kiang* wird geschrieben mit dem Zeichen des Kleides oder der Seide und dem Zeichen der Festigkeit, Beharrlichkeit. Dieses Zeichen bedeutet mit dem Zeichen des Berges: den Berg. Um so mehr erinnert dieses Kleid an die Bergspalten und Vertiefungen, in welchen die Erde Quellen und Pflanzen trägt.

Tsiu, „pudendum muliebre." Geschrieben mit den Zeichen des Leichnams und Ganges, und dem Zeichen der ersten Person, Fig. 127, *„yü i. me."* Die Zeichenverbindung des Leichnams und Ganges pflegt übrigens zu den Bezeichnungen des Schuhes zu kommen, wie in Fig. 104, 128. Fig. 127 scheint aus dem Zeichen der Vereinigung (Fig. 82) und dem Zeichen der abgeschälten Rinde, *phin,* zu bestehen. *„Phin, „a portion of the rind or bark of hemp plant. the rind peeled off."* Wenngleich es misslich ist, ein Zeichen von unbestimmter Zusammensetzung auszulegen, so steht es doch frei zu bemerken, dass die scheinbare Zusammensetzung einen sehr guten Sinn geben würde. Die abgeschälte Rinde erinnert daran, dass der Körper als eine blosse Schale bezeichnet wird. Diese gehaltlose Schale wird nur durch das individualisirende Princip, das Ich, zusammengehalten. Sie ist einem fremden Wesen genommen, um ein Kleid des Andern zu werden, und zerfällt (*lo* Fig. 84) wenn das Andere nachlässt, und die Dreieinheit des *hwen, phe* und *kwei* sich auflöst. Dem weiblichen Organe, welches mit der ganzen Welt parallelisirt wird, kommt die Bezeichnung, dass es wie ein Schuh das wandelnde Ich enthalte, vorzüglich zu, da es der erste Aufenthalt des sichtbar abgelösten Individuums ist. Das Zeichen des Ich bedeutet mit dem Zeichen des Weines: *„mother of wine."* Mit dem Zeichen des Mundes: *„to vomit."* Das ist, in Vergleich mit der ausbrechenden entwerfenden Erde, bemerkenswerth, insofern das Entwerfen und die Aeusserung als eine egoistische Handlung, als das Ich des Mundes, bezeichnet wird; ohne Zweifel, weil das Individuum durch die Aeusserung sich aussen geltend macht, cf. Fig. 171. Mit dem Zeichen des Wassers: *„rut „of wheel."* Dass das Wagengeleis durch das Ich und Wasser bezeichnet wird, geschieht in demselben Sinne, wie die gähnende Erde oder die Grube das Wasser bezeichnete. Das Gefäss bezeichnet den Inhalt, und der Inhalt das Gefäss. Mit dem Zeichen des Ganges: *„composed dignified walk. easy „motion. leisurely. steady. tranquil. sedate appearence. tardy. „slow."* Wie die Schnelligkeit ein Zeichen der Unterwürfigkeit und Dienstbarkeit ist, so ist die Ruhe und Langsamkeit ein Zeichen der Würde und Herrschaft. Man könnte zugleich hieraus schliessen, dass der Beweggrund immer als ein relativ äusserer angesehen werde. Man kann das Zeichen *tsiu* auch aus diesem Zeichen des Ganges und dem Zeichen des Leichnams zusammengesetzt finden. Cf. S. 38.

Tsiëu, „privities of woman." Geschrieben mit den Zeichen des Leichnams und des Weines *„body and new wine."* Das Zeichen des Weines, *tsiëu,* Fig. 32, mit Ausschluss der beiden Hände, bedeutet *„Chinese liquor, wh. by long keeping „becomes watery on surface."* Diese Scheidung der Flüssigkeit scheint durch die beiden oberen Linien, durch welche sich Fig. 32 von 33 unterscheidet, und welche dem Zeichen der Theilung, Fig. 42, entsprechen, bezeichnet zu sein. Uebrigens unterscheidet sich das Zeichen nicht wesentlich von dem Zeichen *yëu,* welches das Weingefäss, den Herbst und die geschlossene Thür (Fig. 34) bedeutet, und wird in Verbindungen durch das gleichlautende Zeichen des Herbstes, *tsiëu,* vertreten.

Lëu, „exertion of effort or strength. to lead a cow,

„or fasten it to something. a number that is troublesome. „anoying from the number. to trail as long garments. cur- „ved appearance. dull. stupid. connexion between material „forms and invisible spirits." Von den verschiedenen Formen des Zeichens sind namentlich zwei, Fig. 128, 129, bemerkenswerth. Der untere Theil ist in beiden Figuren das Zeichen der Frau, Fig. 96 und 95. Der obere Theil von Fig. 128 kommt dem Zeichen der Ursache, Fig. 53, förmlich gleich. Das Zeichen der Ursache neben dem Zeichen der Frau bedeutet die Ehe, und die Vereinigung von Geist und leiblicher Form könnte nach dem Bisherigen sehr wohl mit demselben Bilde bezeichnet werden. In Fig. 129 steht zunächst über dem Zeichen der Frau das Zeichen der Mitte (cf. Fig. 78) und über diesem, wie es scheint, das Zeichen der Negation (cf. Fig. 100), welches durch eine Separationslinie aus dem Zeichen der Frau gebildet ist. Man könnte vielleicht in beiden Zeichen die Bilder des geistigen unsichtbaren, und körperlichen offenbaren Daseins finden. Zwar bezeichnet sonst das körperlich Erscheinende die Negation, wie das Bild der Sonne zwischen Bäumen, aber diese Bilder werden nicht consequent festgehalten. Das Zeichen der Mitte würde dann die Verbindung zwischen beiden vorstellen, was der Bedeutung vollkommen entspricht. Das Zeichen bedeutet mit dem Zeichen des Schweines: das weibliche Schwein. Mit den Zeichen des Leichnams und Ganges: den Schuh. Das ist wieder die Verbindung zwischen dem lebendigen Fusse, der todten leiblichen Form und dem Wege. Mit dem Zeichen des Schlages (Fig. 77): zählen, rechnen (cf. Fig. 104, 147, 150). Mit dem Zeichen des Zwerges: *hunch-backed"* (cf. Fig. 94, 114). Mit dem Zeichen des Feuers: die Flamme des Feuers (cf. Fig. 116). Mit dem Zeichen der Erde: *„dust. accumula- „tion of dust. little grave. hilloc without stones."* Der Staub, welcher von dem Winde und dem laufenden Hirsche aufgeregt wird, und eine Gestalt annimmt, stellt ein Mittelglied zwischen Geist und Stoff vor. Der steinlose Hügel erinnert an den Urberg, *fëu,* Fig. 11, welcher das bindende Mittel zwischen dem Geiste *yang* und dem schattigen Körper *yin* darstellte. Mit dem Zeichen des Kornes: *„cake."* Der Kuchen erinnert an die Erdscholle, welche mit den Zeichen der Erde und des Geistes geschrieben wurde. Mit dem Zeichen des

Knochens: Schädel *„calvaria."* Das Zeichen des Ofens, Fig. 119, bedeutet mit dem Zeichen des Knochens: *„head. „forehead."* Es scheint damit der Kopf, gleich dem Fruchthälter und Magen, als kleine Welt bezeichnet zu sein. — Mit dem Zeichen des Rohres: Korb. Mit dem Zeichen des Tuches: *„large purse or pocket carried in front."* Das erinnert an das Zeichen der Schwangerschaft, Fig. 162. Mit dem Zeichen der Seide: Faden *„silk thread."*

Sche, *„femal of quadrupeds."* Geschrieben mit dem Zeichen des Rindes und Fig. 130, ***„to stop. rest. lodging in „marketplace. cottage. i. me. a constellation of stars. a „daymarsh. to cease or stop. to fall. to part with or let „go. remit."*** Der untere und hauptsächliche Theil der Figur ist das Zeichen der Zunge; über demselben ist ein winkelförmiges Dach, dessen Bedeutung nicht erklärt wird. Dass die Bedeutung des Ich hier wieder vorzugsweise dem weiblichen Wesen zufällt, mag in ähnlichem Sinne geschehen, wie bei Fig. 127. Die Bedeutungen der Ruhe und Wohnung eignen sich für das Ich, insofern dasselbe dem in Kreislauf begriffenen Stoffe Ruhe und Wohnung gewährt. Dass die Zunge zu diesen Bedeutungen beiträgt, geschieht, insofern dieselbe ein vorzügliches Werkzeug der Lebensäusserung und Nahrungsaufnahme ist, wie sie auch mit dem Zeichen des Wassers verbunden das Leben bedeutet. Bei den Aegyptern heisst die Zunge *„ἐνὕγρῳ ὑπαρχ ουση* und *γενετειρα"* (Horap, I. 21). Die Bedeutung der Wohnung fällt mit der der Frau zusammen, wie in dem Worte *schi* (cf. sub Fig. 89), und eine solche Benennung erinnert an den Aufenthaltsort, Fig. 114. Das Zeichen bedeutet mit dem Zeichen des Pferdes: die Stute. Mit dem Zeichen der Hand: *„to let go. part with. give in „charity. reject"* was sich aus dem Wesen des einstweiligen Aufenthaltortes ergiebt. Mit dem Zeichen des Gebens: Eröffnung und Ausdehnung. Mit dem Zeichen der Perle: *„to give „on credit."* Mit dem Zeichen der Speise: Sättigung, cf. Fig. 162.

Pun, das Weibchen des Hirsches (*„femal deer"*). Geschrieben mit den Zeichen des Hirsches und der Wurzel, *pun* (***„root. foundation. fundamental. origin. root or source from „which. i. my, our"***). Die Wurzel, ***ti,*** Fig. 158, dient zur Bezeichnung des männlichen Thieres. Die Bezeichnung erinnert übrigens an das Zeichen des Ich, Fig. 127, und an das, Fig. 171, von denen das erstere die weiblichen Organe, das letztere mit dem Zeichen der Frau den Anfang bedeutet.

Lin, das Weibchen des Hirsches (*„large femal deer"*). Geschrieben mit dem Zeichen des Hirsches und dem Zeichen der Habsucht, des Geizes (*„niggardly. sparing. sordidly par„simonious. avaricious"*). Das Zeichen des Geizes besteht aus den Zeichen des Mundes und des Bildes (untere Hälfte von Fig. 144). Das erinnert an den verschlingenden Mund des Himmels, wie die vorige Bezeichnung an das *li.* Die Habsucht muss sich auf die Empfängniss beziehen, wie der egoistische Mund, Fig. 171, bei Bezeichnung des weiblichen Lebens. Das Zeichen bedeutet auch mit dem Zeichen des Pferdes: die Stute (*„femal horse. mare."*)

Lih, das Weibchen des Hirsches (*„femal deer"*). Geschrieben mit dem Zeichen des Hirsches und dem Zeichen der Kastanie, welche zugleich hartes dauerhaftes Holz bedeutet (*„chesnut, named from the fruit pendant down. hard „durable wood. enduring. commanding. severe. to exceed or „overpass"*). Das Zeichen der Kastanie besteht aus den Zeichen des Baumes und der hängenden Frucht (cf. Fig. 166). Das Zeichen der Kastanie bedeutet mit dem Zeichen des Menschen: die Weihtafel des Verstorbenen (*„tablet dedi„cated to the deceased in the temple of ancestors"*), cf. Fig. 146. Mit dem Zeichen des Messers: abschneiden. Mit dem Zeichen der Hand: in Ordnung bringen (*„to put a thing in „order"*). Mit dem Zeichen des Herzens: Furcht. Mit dem Zeichen des Mundes: Geschwätzigkeit. Mit dem Zeichen der Erde: verstopfen (*„to stop or fill up"*). Mit dem Zeichen des Reisses: Anhäufung von Korn (*„accumulation of corn. „large collection,"* cf. Fig. 146, 147, 114). Mit dem Zeichen des Windes: heftiger Wind (*„impetuous gale"*). Da der Wind mit dem Zeichen des Gefässes geschrieben wird, so lässt sich, in Vergleich mit den andern Bezeichnungen das Zeichen der Kastanie als ein Bild des Gefässes überhaupt, ähnlich der Hülsenfrucht, betrachten, wodurch der Sinn der hier hauptsächlichen Bezeichnung deutlich genug wird.

Yëu, das Weibchen des Hirsches (*„femal of deer. doe"*). Geschrieben mit den Zeichen des Hirsches und der Jugend (*„young and slender, applied to creatures and things"*). Das

Zeichen der Jugend, welches an die dem *yin* entsprechende Jugend erinnert, bedeutet mit dem Zeichen der Erde: die Grube („*furrow. ditch. hollow place or pit*") cf. Fig. 6. Mit dem Zeichen der Höhle: die Zurückgezogenheit des weiblichen Lebens („*deep. profond. still. retired. tranquil. applied „in high commendation to the temper of femals*"). Mit dem Zeichen des Mundes: das Geschrei des Hirsches. Mit dem Zeichen des Menschen: Hartnäckigkeit („*to seize and drag. „to break. grasp firmly. steady obstinate adherence. to rush „against a tree, in madlike manner. perverse. obstinate*"). Mit dem Zeichen der Weichheit: weich („*soft. pliable*"). Mit dem Zeichen der Frau: schön. Mit dem Zeichen der Haut: krumm. Mit dem Zeichen des Baumes: krummes Holz. Mit dem Zeichen des Ackers: schwarze Dammerde („*black mould*"). Mit dem Zeichen des Auges: Nachdenken („*deep sunken eyes. to look inwardly. deep thought*").

Lin, „*private parts of an animal body.*" Geschrieben mit den Zeichen des Leichnams und des Irrlichtes, *lin*, „*ignis „fatuus, said to abound on the side of bloody battles, „where the ground has been fattened with carcasses of „men and horses.*" Hier ist wieder auf die Lebenserneuerung aus dem Tode gedeutet, cf. Fig. 87, 88, 106.

Etwas Aehnliches liegt der Bezeichnung *pih*, Fig. 131, zu Grunde. „*Epithet of royals and heaven. name wh. gives „widow to heir deceased husband in sacrifice. clear. discer- „ning. a majestic exterior with little reality. laws. punish- „ment. to burst or rend open. to kill. crowd of persons „driven after affrighted back. comparison.*" Die rechte Hälfte der Figur ist das Zeichen der Schärfe, *sin*, „*acrid. „pungent;*" die linke Hälfte ist in der neueren Schriftform das Zeichen des Afters, bestehend aus den Zeichen des Leichnams und des Mundes. In der älteren Schrift zeigt sich die linke Hälfte so verschieden gestaltet, dass über die Zusammensetzung derselben schwer zu bestimmen ist. Dieselbe zeigt sich in der beistehenden Figur so unentschieden, dass der obere Theil sowohl für das Zeichen des Leichnams als auch für das des Bogens gehalten werden könnte; in andern Formen kommt dieselbe dem Zeichen des Siegels, *tsiëi*, oder des Endes, *i*, oder des Mondes, *si*, gleich. Unter diesen Umständen kann man sich an die neuere Schriftform halten, welche die Zeichen des Leichnams und des Mundes unzweideutig darstellt, und damit wahrscheinlich, wie in mehreren Fällen geschieht, eine ursprüngliche ideographische Figur herstellt. Der After bezieht sich, wie schon oben bemerkt ist, durch seinen Laut *tuh*, und durch die Egestion auf den auswerfenden Erdmund. Das Zeichen der Schärfe hat eine Aehnlichkeit mit dem Zeichen des Kindes, Fig. 163, und lässt sich in dieser wie in allen übrigen Formen sehr wohl als das Bild einer Vegetation ansehen, wobei die Bedeutung an die Waffen, Fig. 30, 40, 57, 105, erinnert. Es wäre hiernach in der Zeichenverbindung das Keimen aus dem Grabe beschrieben (cf. Fig. 88—93), und dieselbe gäbe eine angemessene Bezeichnung für den verstorbenen Gatten, der in seinen Nachkommen lebt. In mehreren Verbindungen wird das Zeichen durch das Zeichen des Unteren, Fig. 31, vertreten. So unsicher die Zusammensetzung des Zeichens ist, so entschieden ist die Bedeutung desselben, auch in ferneren Complicationen. So bedeutet das Zeichen mit dem Zeichen der Thür: *„to shake. to burst forth. to „open. expand. expanding or vivifying operation of nature „in spring. to avoid. shun. retire back. flow as a stream."* Das Zeichen *pih* selbst bedeutete das Gesetz, zugleich die Eröffnung und das Zurücktreiben. Der Verein dieser Bedeutungen fand sich schon bei dem *thai-khih*, und es wurde daselbst bemerkt, dass das Ziel, Gesetz und Vorbild stimulirend und prohibitiv wirke, je nachdem sich die untergeordneten Richtungen entwickeln. Einestheils von diesem höheren Gesichtspunkte aus, andererntheils aus denselben Umständen, welche dies Zusammentreffen entgegengesetzter Bedeutungen durchschnittlich bestimmen, ist es zu erklären, dass die zuletzt erwähnte Zeichenverbindung die Frühlingseröffnung und zugleich die Zurückziehung bedeutet. In den meisten Verbindungen, mit den Zeichen des Messers, der Hand, des Krautes etc. bedeutet das Zeichen: aufbrechen und spalten, welche Bedeutungen es schon an sich hat. Mit dem Zeichen des Fusses: lahm. Das erinnert an das Zeichen des Lahmgehens und Hinkens, *kien*, geshrieben mit den Zeichen des Fusses und der Spalte. Der Laut *kien* erinnert an die Kraft des Himmels. Himmel und Sonne bedecken die Spalte der Erde, Fig. 44, 47. Fuss und Spalte könnten den die Spalte überschreitenden und daher mit ungleichem Schritte gehenden, oder hinkenden, Fuss vorstellen. Das so eben genannte Zeichen des Lahmgehens, *kien*, verbunden mit dem Zeichen des Wassers, bedeutet das Wasser. Das Wasser überschreitet die Spalte der Erde. Auch heisst das Wasser *theng*, geschrieben mit den Zeichen des Wassers und der Kleidnath, *tschhin „i, i the emperor. the „seam of garment, or of a skin formed into armour."* Die Nath wird gebildet durch den Faden der die Spalte überschreitet. Die Benennung passt zumal für das Wasser *„water in nature is said to be the connecting medium amongst „all bodies"* (*Rad.* 52 unter dem Zeichen der Verbindung, *ki*). Die Vegetation ist bereits mehrfach dem Wasser gleichgesetzt, und überschreitet, gleich demselben, die Spalten der Erde. Das Zeichen der Nath, welches den Namen des Kaisers bildet, erinnert an das bindende Gesetz. Das Zeichen *pih* bedeutet endlich mit dem Zeichen des Fleisches: den Nabel.

Bei der wiederholten Gleichsetzung des männlichen und weiblichen Lebens ist zu beachten, dass dem Zeichen, Fig. 132, welches den Mann bedeutet, der Laut *fu* entspricht, wie auch die Frau *fu* genannt wurde (cf. Fig. 88). *„Fu, general „designation of men. porters or chairbearers* (cf. Fig. 94) *„man of eminent virtue or talent* (cf. Fig. 133) *man mar„ried. tschang-fu, husband"* (*tschang*, Fig. 79). Das Zeichen ist aus Fig. 9 gebildet, und bedeutet mit dem Zeichen der Sonne: *„the sun on which depends the day."* Das ist die Sonne als Kaiser oder als männliche Macht *yang*. Mit dem Zeichen des Tuches: *„fore part of garment. which hangs „down before."* Das Kleid ist immer nach dem Theile genannt, den es bedeckt. Wenn der Erde als weiblicher Macht der Rücken als Bild zukam, so ist, wie schon bemerkt wurde, für die männliche Seite der Bauch übrig. Mit dem Zeichen des Metalles: das Beil. Das Beil ist ein Bild der Herrschaft, und scheint, wie aus dem gegenwärtigen, so wie aus Fig. 75, 143, 144 hervorgeht, ein männliches Symbol zu sein. Mit dem Zeichen des Fusses: *„lame in feet"* (cf. Fig. 131, 143, 114). Namentlich hier muss die Bezeichnung an den lahmen Puruscha erinnern. Mit dem Zeichen des Ackers: pflügen. Das Pflügen ist ein männliches Geschäft (cf. Fig. 80). Mit dem Zeichen der Reispflanze: *„grain resuscitated."* Das erinnert an die Wiedergeburt des Puruscha. Mit dem Zeichen der Hand: *„to assist. hold up. support. protect.*

„young and feeble. wanting support." Man kann wahrscheinlich diese Vereinigung entgegengesetzter Bedeutungen auf den allgemeinen Grund zurückführen. Das Beisammensein der Gegensätze lässt sich zum Theil aus der Unbestimmtheit der ursprünglichen Bedeutung erklären, indem das Aktive nicht von dem Passiven geschieden ist, so dass die Bedeutungen des Siegens und Besiegtwerdens, des Gebens und Begabtwerdens, als Sieg und Niederlage, Geben und Nehmen, beisammenbleiben. Aber es scheint, dass diese Complicationen des Entgegengesetzten absichtlich festgehalten sind, in Erinnerung an den Wechsel und die Wechselseitigkeit der Dinge. So vereinigt das vorige Zeichen die Bedeutungen des Hervorbrechens und Zurückgehens, weil das Letztere unfehlbar auf das Erstere folgt. So bedeutet der Laut *fu* Mann und Frau, weil das Eine das Andere bedingt. So bedeutet der Laut *muh* den Baum und das Auge, und die Zeichen des Baumes und Auges verbunden bedeuten die Wechselseitigkeit, das Bild, *siang,* weil jener als sichtbare Gestalt und dieses als sehendes Organ sich auf einander beziehen. Hier kann die Zusammenkunft des Entgegengesetzten nicht wohl anders, als durch wohlberechnete Combination hergestellt sein. So finden sich bei dem Laute *ho* die Bedeutungen Feuer und Wasser, bei *kan:* Wasser und Trockenheit. Das Zeichen des Mannes bedeutet ferner mit dem Zeichen des Fleisches: die Haut. Das erinnert an den Himmel als äusserste Schale der Welt. Mit dem Zeichen des Auges oder des Ohres: hoffen. Man wird genöthigt sein, diese Bedeutungen mit der Empfänglichkeit in Verbindung zu bringen, welche dem männlichen Wesen die Empfängniss der Keime aus der grossen Welt möglich macht.

Sze, Fig. 133, *learned man. sholar. one who is complete. „appearance of men generally and of soldiers.*" Das Wesentliche hierbei ist die Vollendung, und das Zeichen tritt dadurch auf die Seite des *yang,* des Alters und der Männlichkeit. Die Figur besteht aus dem Zeichen der Zahl Zehn, und aus der wagerechten Grundlinie, welche die Zahl Eins bedeutet, *„one and ten, the commencement of number and the perfect number.*" Zehn ist die Zahl der Erde, und wie die Erde selbst als dienende Macht erscheint, so implicirt das gegenwärtige Zeichen die Bedeutung des Dienens, der Angemessenheit und Thätigkeit für fremde übergeordnete Zwecke, welche sich bei allen diesen Mächten zweiter und dritter Ordnung ausgesprochen findet. Das Zeichen bedeutet daher mit dem Zeichen des Menschen: „*to learn. serve. fill a public* „*situation. act as magistrate.*" Mit dem Zeichen des Lagers (Fig. 155): „*large. great. strong. robust. to strengthen.* „*affluent. abundant. 8th. month. age of 50. manhood.* „*strong hairs upon the forehead. to wound. cauterize a* „*place*" (cf. Fig. 141). Dieses Zeichen bedeutet mit dem Zeichen des Feuers: „*to fill a boiler with rice.* (cf. Fig. 119) „*appearance of fire. vapour ascending. to dress food with* „*steam.*" Die letzteren Bedeutungen erinnern daran, dass die Inder, indem sie den *linga* als ersten feinen Leib des Geistes ansehen, den Rauch als *linga* (Zeichen) des Feuers benennen. So ist der von dem Urfeuer aufsteigende Dunst, *khi,* der Urstoff („*ether. primary matter. the more subtile or insensible* „*part of material existences*"). Das Kochen mit Dampf, also nicht unmittelbar mittels des Feuers, steht in gleichem Verhältnisse mit der durch das männliche Individuum, als materielle Macht, vermittelten Fortpflanzung. Das männliche Individuum ist ausdrücklich dem *yin* gleichgesetzt, indem es mit dem Zeichen der Erde bezeichnet ist (cf. Fig. 125).

Das Zeichen *sze* wird durch Hinzufügung einer Linie zu dem Zeichen der weiblichen Macht, Fig. 134, *Jín,* „*astrono-* „*mical character. that influence in nature, which nourishes* „*or sustains. to sustain. bear. to be pregnant with. adula-* „*tory. great.*" Die Bedeutungen treffen sowohl mit dem vorigen Zeichen *tschwang,* als auch mit Fig. 133 zusammen. Die Figur unterscheidet sich fast unmerklich von dem Zeichen des Königs, Fig. 86. Das Zeichen bedeutet mit dem Zeichen des Menschen: „*sincere. true to a friend. trust committed* „*to a person. official situation. to sustain. bear. serve. be* „*able. use or employ. which is sustained or taken up ones* „*self. conception. pregnancy.*" Die letzteren Bedeutungen auch mit dem Zeichen der Frau. Mit dem Zeichen der Seide: „*to work. embroider.*" Cf. S. 95, die bemalte Haut.

Der Vater heisst auch *tschhun-thang.*

Thang bedeutet einen Tempel „*dignified mansion. a tem-* „*ple. court. hall. public room. high. dignified. splendid. ho-* „*norable*" (cf. Fig. 33). Geschrieben mit dem Zeichen der

Erde und dem Zeichen *schang*, „*separated and directed to-„wards. mind wishing to attain. esteem. value. to receive in „marriage. yet-still. nearly. probably. to boast. brag. add „to. adorn.*" Das kann an das „*adorning principle of heaven*" erinnern. Das Zeichen des Tempels erinnert an Fig. 148 und 146. *Tschhun* ist der Name eines Baumes, und wird geschrieben mit den Zeichen des Baumes und des Frühlings. *Tschhun-hiuen* heissen Vater und Mutter. *Hiuen* ist eine Art Schwertel.

„*The male and femal semen is called kwei-tschhing.*" *Kwei*, Fig. 135, stellt zwei kreuzweis gelegte Balken vor. „(*From two bars laid across, to determine the centre*). „*water flowing from four points, to fill up the centre part.*" Das scheint auf den Samen angewendet zu sein, insofern derselbe als Essenz aus allen Theilen des Körpers gesammelt ist. Die Menstruation heisst *thien-kwei*. *Thien* ist Himmel. Die Benennung ist nur insofern erklärbar, als der Himmel der Beweggrund des Flusses sein soll. Die Menstruation heisst auch *yiuëi-king*, Mondfluss, und tritt mit beiden Bezeichnungen an die Stelle, welche das Wasser, „das Blut der Erde", einnimmt, indem es in seiner Fluthung dem Monde folgt, und dem Zuge der Himmelskraft nachkommt, cf. Fig. 27. Wenn die menstruirende Frau dem unmittelbaren Einflusse des Himmels folgt, so tritt sie aus ihrer weiblichen Stellung in den Kreis der männlichen Natur, welche den Einfluss des Himmels empfängt, und auf das weibliche Wesen fortpflanzt. Die menstruirende Frau heisst daher *pwan*, d. i. Halbweib, geschrieben mit den Zeichen der Frau, *niu*, und der Hälfte, *pan*. Das erinnert an den Namen des Çiva: *ardhanari*, Halbweib (*ardha:* halb, *nari:* Weib) um so mehr als seine Gattin Parvati den Namen *gauri* führt, welcher unter anderem bedeutet: „*quaevis puella adhuc libera a menstruis.*" Der andere Name des Samens, *tschhing*, bedeutet: „*to measure, weight. ad-„just. corresponding each other etc.*" was an die dem Himmel entsprechende Natur der Erde, und an die Ausführung der von dem Himmel überlieferten Anfänge erinnert.

Die Blutvergiessung durch himmlischen Einfluss wird auch dargestellt in dem Zeichen des Verschnittenen, Fig. 136, *kien*, „*to look down upon and inspect from a higher place. „to look at. oversee. controul. inspector. eunuch. halo ga-*

„thering around the sun. jail. prison. to pull in jail." Der Laut *kien* erinnert an die Kraft des Himmels, welche das Wasser auftrocknet. Die Figur besteht aus den Zeichen des Blutes und des Dienens. Das Zeichen des Blutes bildet die untere Hälfte, und besteht aus dem Zeichen des Gefässes, *ming,* (welches auch in Fig. 54 und 119 zu sehen ist) und aus einer wagerechten Linie über dem Gefässe, welche das Blut vorstellt, *hiuëi, „blood of victimes offered in sacrifice. (from „ming, vessel; the line is to represent the blood running „into the vessel). The hissing sound of hiuëi is probably „an imitation of the sound of blood issuing from the slaugh-„tered victime. blood.*" Das bezeichnete Blut ist also ursprünglich Opferblut. Der obere Theil der Figur heisst *go,* und besteht zu rechter Hälfte aus dem Zeichen des Menschen, zu linker Hälfte aus dem Zeichen des Unterthanen, *tschin, „any man who serves others. to be subject to. one who has „to stoop and bend, wh. is represented by the character.*" Die Zeichenverbindung *go* bedeutet daher *„(from the mini-„ster of a prince, making his bow) to desist from labour. to „cease. rest. lie down. sleep. change or alteration, as takes „place in sleep. the place, where one sleeps.*" Der Schlaf ist jederzeit auf die Seite der universalen oder hingebenden Lebensrichtungen gestellt worden. Hier folgt die Bedeutung des Schlafes aus der des zu Boden Liegens. Aber das *προσκυνειν* selbst scheint die Physiognomie des Schlafes mimisch darzustellen, um in der völligen Unthätigkeit und passiven Lage die geduldige Erwartung der äusseren Bestimmungen, und die rückhaltlose Ergebung an dieselben vorzustellen. Diese völlige Hingebung ist eine Verzichtung auf die Persönlichkeit, eine Selbstaufopferung. Kommt nun zu dem Bilde, welches diese Aufopferung bezeichnet, das Zeichen des Blutes, so ist damit die Aufopferung des Blutes beschrieben. Auf diese Weise ist *„eunuch*" die eigentliche Bedeutung des Zeichens. Soll die Bedeutung von dem individuellen Leben auf das Leben der grossen Welt angewendet werden, so fragt es sich vor allen Dingen, ob das Blut der grossen Welt ausdrücklich genannt wird. Darüber wird an der schon mehrfach erwähnten Stelle (unter dem Zeichen der Morgenfluth, *tschao*) Nachweisung gegeben, indem es heisst: *„water is the blood or „breath of earth, and tide is the advancing and retiring of*

„it. It follows the state of moon.“ Die Verdunstung des Wassers ist das Blutopfer der Erde. Eine solche Vergleichung ist um so weniger auffällig, als in dem bereits oben erwähnten Zeichen das Aufsteigen der Dünste mit dem Zeichen der lebensgefährlichen Geschäfte (*tschi, „to expose or venture the „life in a cause*“) geschrieben wird. Die makrokosmische Anwendung des Zeichens, welche offenbar wird, wenn dasselbe den Dunstkreis um die Sonne bezeichnet, steht in einer Reihe mit den weit verbreiteten Mythen von der jährlichen Entmannung und Lebenserneuerung. Das Zeichen des Verschnittenen bedeutet mit dem Zeichen der Erde: *„hard stiff „earth,“* mit dem Zeichen des Baumes: *„hard stiff ground. „poor bar land.“* Das bezieht sich offenbar wieder auf die wasserlose Erde, auf das in der Luft suspendirte Wasser. Auch die Erde nimmt, indem sie hart wird, die Eigenschaft des Himmels an, gleich wie die menstruirende unempfängliche Frau die Eigenschaft des Mannes. In Fig. 48 wurde das dunstförmige Wasser mit dem Zeichen des Glücks, und in Fig. 49 das rückkehrende Wasser mit dem Zeichen des Unglücks geschrieben. Auch entspricht das den Vorstellungen, nach welchen die fanatische Aufopferung als ein Glück, und die erzwungene Rückkehr zu dem Leben als ein Unglück betrachtet wird. Uebrigens sieht man schon, wie nicht nur das männliche Leben mit dem weiblichen, sondern auch die Zeugung mit der Entmannung gleichgesetzt werden kann (cf. Fig. 153, 161).

Die männlichen Genitalien heissen *schi*, Fig. 137. *„Strength. „authority. power. influence. splendour. male organs. figure. „state. condition.“* Der untere Theil der Figur ist das Zeichen der Kraft, *lih,* Fig. 81. Das Uebrige ist das Zeichen des Pflanzens, *i, „to grasp with the hand and plant.“* Die rechte Hälfte dieses Zeichens *i* heisst *kie,* und bedeutet: *„to „take hold of with the right hand. to seize.“* Die linke Hälfte heisst *luh,* und bedeutet: *„high dry mound or dike.“* So stellt die rechte Hälfte das wirksame Wesen, die greifende rechte Hand, vor, indess die linke den Gegenstand der Wirkung bezeichnet. Das Pflanzen ist ein Gründen und Aufrichten. Das Zeichen des Pflanzens mit dem Zeichen der Kraft verbunden ist den Zeichen des Ackers und der Kraft, Fig. 80, sehr ähnlich. Das Zeichen der Kraft hebt die Bedeutung der Aufrichtung hervor: *„whatever in things gains or prevails*

„the ascendency, is lih.“ Es wird daher von dem *lih* des Windes, des Feuers etc. gesprochen. Das Zeichen der Kraft kann aber auch andeuten, dass ein Pflanzen nicht der pflanzlichen, sondern der thierischen Keime gemeint ist; denn es heisst: *„all parts, who the animal spirit extends its in„fluence, are said to have lih.“* Was die verschiedenen Bedeutungen des Zeichens *schi* betrifft, so erinnert die Bedeutung der Gestalt an den Hügel, welcher ebenfalls die Gestalt bedeutet wegen seiner Hervorragung über die gleiche Fläche, und an den *linga* als sichtbares Zeichen. Das Zeichen des Pflanzens hat in andern Verbindungen folgende hierher gehörige Bedeutungen. Mit dem Zeichen der Sonne: *„daily „rude familiarity. dull. obscure.“* Diese Bedeutung kann sich, indem man die Zeichenverbindung eigentlich versteht, als das Pflanzen der Sonne, nur darauf beziehen, dass die Sonne, *yang,* sich täglich mit den dunkeln Dünsten, *yin,* vereinigt, indem sie dieselben entweder gleich Pflanzen und Bauwerken aufrichtet, oder sich, bei dem täglichen Untergange, in dieselben eintaucht, und, gleichsam in die Erde gepflanzt, in ihrer Vertraulichkeit mit der Finsterniss selbst dunkel wird. Das ist die Ehe des Lichtes und der Finsterniss. Die untergehende Sonne, *hwen,* bedeutet zugleich die Ehe, angeblich, weil die Ceremonien Abends vollzogen wurden *„marriage „presents sent in the evening, and bride taken in the eve„ning.“* Das gegenwärtige Zeichen scheint noch eine tiefere Beziehung zu zeigen, indem es ein makrokosmisches Sinnbild vorstellt, auf welches sich die Stiftung jener Gebräuche bezogen haben kann. Das Zeichen des Pflanzens bedeutet ferner mit dem Zeichen der Hand: *„wood rubbing „against wood.“* Die gemeinte Reibung des Holzes geschieht wahrscheinlich zu dem Zwecke der Feuerbereitung, welche *Sui-jín* lehrte. Der Name *sui* bedeutet: *„instrument to ob„tain fire. Kin* (Metall) *-sui: speculum to obtain fire from „sun. Muh* (Holz) *-sui: instrument to procure fire from „wood by rotatory friction.“* Da zu der Feuerbereitung hartes und weiches Holz genommen zu werden pflegt, so erinnert das an *kang-jéu,* hart und weich, als Beiworte des *yang* und *yin.* Bei Fig. 69 vereinigen sich die Bedeutnngen: *„to „join. to complete. to connect and cause to raise, as fire.“* Das Pflanzen wird sich auf die Feuerbereitung anwenden

lassen, insofern das bewegte Holz mit der Spitze senkrecht auf die wagerechte Fläche des ruhenden geheftet, und indem es rotirend in dieselbe eindringt, gleichsam gepflanzt wird. Wenigstens sieht man bei andern Völkern eine solche Anordnung. Das Zeichen des Pflanzens bedeutet ferner mit dem Zeichen des Metalles: *„lash with iron at ends, for „driving sheep, beater."* Mit dem Zeichen der Reisspflanze: *„to take and plant with the hand. arrange and plant trees. „cultivate the arts of life. business or occupation of life."* Mit dem Zeichen des Holzes: *„centre or bulls eye of tar- „get."* Mit dem Zeichen des irdenen Gefässes: *„cracked „earthen vessel."* Dieses Gefäss, *khi,* wird auch mit den Zeichen des Gefässes und der Zielscheibe geschrieben. Der Laut *khi* erinnert an die Spalte und den gespaltenen Urstoff. Die Erde ist die Zielscheibe, welche von den Pfeilen, als welche die Sonnenstrahlen in dem Zeichen *sche* (*„to shoot an „arrow. to dart as the rays of light"*) benannt sind, getroffen und gespalten wird. Auch hier giebt das Zeichen des Pflanzens deutlich an, dass die Erde von aussen aufgebrochen wird. Das Zeichen der Königin, *hëu,* welches mit dem Zeichen der Frau: die Ehe, und mit dem Zeichen der Erde: die feuchte, also dem Himmel folgende, Erde bedeutet, bedeutet mit dem Zeichen des Gefässes: *„earthen vessel for small „coin, wh. are thrown in, but cannot be taken out, unless „by breaken vessel."* In Vergleich mit dem Gegenwärtigen ist diese Bezeichnung sehr aufklärend über das gemeinte Verhältniss der Erde zu dem Himmel. Aller Same wird von dem Himmel eingegeben. Diese Eingebung ist unmerklich und nicht gewaltsam. Jedoch gestattet die Einrichtung der Erde nicht, dass das Empfangene eben so unmerklich wieder hervorgehe, sondern es geht nur durch die zerbrochene Erde hervor.

Kwan, „region of stomach. human genitals." Geschrieben mit dem Zeichen des Fleisches und dem Zeichen *yuen,* Fig. 138, welches aus dem Zeichen des Menschen und der Zahl Zwei besteht (cf. Fig. 70, 71) und bedeutet: *„the first „cause. invisible and operating principle. origin. commence- „ment. great. the principal. head. chief. the original lifegi- „ving power of heaven."* Durch den Gleichlaut zeigt sich eine Beziehung zu dem Mahlstrome, Fig. 112, und der Kreisbewegung (cf. Fig. 102). Dass das Zeichen die Magengegend und zugleich die Genitalien bedeutet, scheint wiederum von einer Gleichsetzung der Organe zu zeugen, welche die Lebenserneuerung nach innen durch Stellvertretung bewerkstelligen, und derjenigen, welche dieselbe nach aussen durch Fortpflanzung bewirken (cf. Fig. 108). Mit dem Zeichen des Edelsteines: „*to play as a child. to be fond of.*" Die Bezeichnung lässt sich auf das *li* beziehen, welches durch die Zeichen des Edelsteines und des Ortes beschrieben wurde. Was bei Fig. 86 über den Sinn des Spieles gesagt ist, findet hier eine Bestätigung, indem das Zeichen der ersten Ursache, des Weltbeweggrundes mit dem Edelsteine, als dem Gegenstande eines kindischen angelegentlichen Spieles verbunden ist. Mit dem Zeichen der Erde: das musikalische Instrument *hiuen*, Fig. 117. Mit dem Zeichen des Messers: „*to cut off the* „*corners. round.*" Mit dem Zeichen des Einschlusses: „*round. rounded. to rub off the corners. remove knotty facts* „*and the stubborn corners of thruth, for the purpose of* „*carrying through an affair.*" Diese Zeichenverbindungen scheinen zu beschreiben, wie aus dem Ewigen, Seienden und Wahrhaften die täuschende Manchfaltigkeit der endlichen Dinge wird. Der Winkel ist, wie oben angeführt wurde, ein Bild für die Grösse der Gottheit. *Yuen* bezeichnet die ursprüngliche Schöpfungsmacht. Wenn nun das Allgemeine getheilt wird, was das Zeichen des Messers anzeigt, oder das Unendliche beschränkt wird, was sich aus dem Zeichen des Einschlusses ergiebt, so zersplittern oder bedecken sich die scharfen Umrisse der Wirklichkeit in täuschende Bilder des unbeständigen Lebens. Mit dem Zeichen des Weges: „*to lose* „*the road.*" Hierbei scheint wieder die Bedeutung des Unbegrenzten geltend zu sein, wobei dasselbe nicht, wie bei den vorigen Bezeichnungen, unterliegend und beschränkt, sondern die in dem Wege vorgeschriebene Grenze unbeachtend erscheint. Mit dem Zeichen des Maasses: messen. Die unendliche Ergiebigkeit misst sich selbst in den zahllosen Formen, welche sie erfüllt (cf. Fig. 104, 128). Mit dem Zeichen des Knochens: die Kniescheibe. Die Kniescheibe gehört zwei getrennten Seiten des Gliedes gleichmässig an. Auch das Zeichen des Gastes (Fig. 115) bedeutet die Kniescheibe. Der Gast ist ein verbindendes Glied zwischen dem Wirthe und der äussern Welt. Dieselbe Stellung hat das *li* als Ehestifter. *„One who goes between certain persons, not yet „known to each other.“* Dieselbe Stellung kann das *yuen* einnehmen. Endlich bedeutet *yuen* mit dem Zeichen des Regens: den Hagel *„ice rain. hail stones“* (cf. Fig. 162). Das Zeichen scheint hier in der Bedeutung von Fig. 71, Samenkern, genommen zu sein.

Kiëu, „mans privities.“ Geschrieben mit den Zeichen des Leichnams und des Suchens, Fig. 139, *„to seek for. seek. „beg. supplicate. entreat. endeavour. to seek to attain. to „invite to come. to class or sort with. khiëu-tsze, desiring „young; denotes animals in heat.“* Die Bedeutungen erinnern an die Sonne, welche wegen ihrer trocknenden Kraft mit dem Zeichen des Bettelns geschrieben wird. Eben desswegen bedeutet das Zeichen der Luft, *khi,* zugleich betteln. Auch die Inder sagen: Sonne nahe Dich, wie ein liebender Mann sein Weib sucht. Die Hand unter Wasser, Fig. 28, hat sich als sinnverwandt mit dem Zeichen des Trocknens erwiesen. Fig. 139 findet sich unter dem Wurzelzeichen des Wassers. Auch könnte man den unteren Theil der Figur eben so wohl für das Zeichen des Wassers halten, als für das Zeichen *mao,* welches Haar, Gefieder und Gras bedeutet. Der obere Theil der Figur könnte das Zeichen des Keimes sein, aber die Seitwärtsbiegung der mittleren Linie macht denselben dem Zeichen der Hand ähnlicher (cf. Fig. 76 sq.). Das Wasser ist bereits mit der Vegetation gleichgesetzt worden in Fig. 27. Es macht daher gar keinen Unterschied, ob in der fraglichen Figur das Wasser oder die Vegetation gezeichnet ist; in beiden Fällen ist die Hand die ziehende Hand des Himmels (cf. Fig. 70 sq.). Das Zeichen bedeutet mit dem Zeichen der Frau: *„to search for a wife.“* Mit dem Zeichen des Metalles: Beil (cf. Fig. 143). Das spaltende Beil kann ein Bild der Untersuchung sein. Mit dem Zeichen des Edelsteines: *„globe. sphere.“* Das erinnert an die Kugelgestalt des Himmels. Die bewegliche Kugel, welche nicht wie sie geworfen wird liegen bleibt, sondern sich selbst einen Ruhepunkt sucht, scheint desswegen mit dem Zeichen des Suchens beschrieben zu werden. Mit dem Zeichen des Baumes: *„shell containing a fruit.“* Das scheint zumal auf die Kugelgestalt zu deuten, und kann an den Himmel, als äussere Schale der Welt, erinnern. In manchen Verbindungen wird das Zeichen des Suchens, *khiëu*, durch das ähnlich lautende Zeichen der Zahl Neun, *kiëu*, vertreten. Dasselbe, Fig. 140, *„represents „transformation and windings searching property of the „principle yang."* Neun heisst die Zahl des Himmels. Das Zeichen ist, indem es ebenfalls eine Art des Suchens darstellt, mit dem vorigen verwandt. Die Zahl Neun wird auch mit dem Zeichen Fig. 141 bezeichnet. *Kiëu*, *„represents caute-„rizing in order to heal, something approaching to the legs „of a man from behind. long time. lasting. to wait."* Links ist das Zeichen des Menschen (cf. Fig. 43, 71 etc.), rechts verbindet sich mit demselben eine Linie, welche das Cauterium vorstellt. Wenn man dieses Zeichen mit dem vorigen, welches die das *yang* suchende Wandlung vorstellt, vergleicht, so erinnert man sich, dass *yang* die Gesundheit bedeuten soll, und dass auch in diesem Zeichen die Gesundheit gesucht wird. Der dem Cauterium zugewendete Rücken erinnert an den Rücken der Erde, welcher der brennenden Sonne zugewendet ist, und von derselben aufgebrochen wird. Beide Male ist eine Lebenserneuerung bezeichnet. Das Zeichen *tschwang* (cf. Fig. 133) bedeutet die Mannheit und zugleich die Cauterisation. Die hier stattfindende Beziehung ist dunkel, aber bemerkenswerth, insofern die Zahl Neun dem Himmel entspricht, und der Mann mit dem Himmel verglichen wird. Vielleicht ist in dem Zeichen *tschwang* die Bedeutung des Brennens durch Anwendung auf die grosse Welt zu Stande gekommen, und meint die kräftiger verbrennenden Strahlen der alten Sonne.

Pang, *„the groin."* Geschrieben mit dem Zeichen des Fleisches und dem Zeichen *pang*, *„large. great. by the side. „near to."* Das Zeichen trifft durchgängig zusammen mit einem andern Zeichen, welches bedeutet: *„to extend every „where, as water spreading."* Auch kann man die Bedeutungen der Grösse und des Grosswerdens oder der Ausdehnung fast als identisch ansehen. In welchem Sinne das Zeichen, dessen Zusammensetzung nicht ganz deutlich ist, gebraucht sein mag, kann man daraus ersehen, dass dasselbe mit dem Zeichen des Maasses: *„measure running over"* bedeutet. Was über das Maass des individuellen Lebens hinausgeht, ist zu Fortpflanzung bestimmt. Ganz ähnlich wird die entwerfende Erde mit dem Namen *khan* bezeichnet. *Khan* bedeutet:

„to sustain. bear. to be able for, or adequate to. to be „worthy. tolerable. hill exhibiting a romantic odd appea-„rance. protuberance or jutting of earth, extending over „a cavity below. earth. earthy. not clear. Khan-yü, earth „and heaven.“ Dieses Zeichen der Erde wird geschrieben mit dem Zeichen der Erde und dem Zeichen des äussersten Grades oder Uebermaasses, *schin*. Das Zeichen *schin* bedeutet mit dem Zeichen des Maasses: aus einem Gefässe in das andere giessen. Die Erde, indem sie das Wasser, die Staubwolken und die Vegetation in die Räume des Himmels ausbreitet, ist gleich einem überlaufenden Gefässe, und auch desshalb mag ihr die Zahl Zehn, welche den äussersten Grad bedeutet, entsprechend gefunden werden. Die Erde trifft hierbei mit den individuellen Geschöpfen zusammen.

Tiao, „mans privities.“ Geschrieben mit dem Zeichen des Leichnams und dem Zeichen *tsiao*, von welchem es heisst: *„hand grasping a bow. in ancient times bows were used to „shoot the beasts which attacked the dead corpse. to ask „respecting death. to mourn and weep for the dead. to „wound. or be wounded in the feelings. to reach or extend „to. remove. take.“* Vielleicht ist es mit diesen Erläuterungen in Beziehung zu setzen, dass das Zeichen gerade mit dem Zeichen des Leichnams verbunden ist. Uebrigens ergeben sich manche andere Anweisungen. Das Bogenschiessen selbst ist gewissermaassen ein Bild der Fortpflanzung. Der bogenschiessende Mann, *tai*, bedeutet: *„to change. for. instead of. „in the place of. an age. a generation.“* Die Fortpflanzung ist Stellvertretung. Das Bogenschiessen kann die Stellvertretung bezeichnen, insofern der Pfeil die Stelle des Schützen vertritt, und an dem Ziele wirkt, als wenn der Mann selbst gegenwärtig wäre. Die Bedeutung der Verwundung erinnert an das Pflanzen (Fig. 137), zumal da das Pflanzen, *tsai*, geschrieben wird mit den Zeichen des Baumes und des Speeres *„from a spear, implies wounding or injuring. also the fee-„lings affected.“*

Ki-pa, „male organ of generation.“ Ki bedeutet: *„ani-„mal or human body, including flesh and bones.“ Pa: „crust, which formes inside a boiler. to adhere.“* Wo das Zeichen *pa* in der alten Schrift vorzukommen scheint, ist es nicht von dem Zeichen des Siegels (rechte Hälfte von Fig. 102) zu unterscheiden.

Liao, „membrum virile." Geschrieben mit dem Zeichen des Leichnams und dem Zeichen *liao, „small window. to „study at the same window. fellow officers.*" Dieses Zeichen besteht aus den Zeichen des Daches und des Signalfeuers, Fig. 116. Die Bedeutung erinnert an den Zusammenfluss von vier Punkten, Fig. 135.

Liao, „membrum virile." Geschrieben mit dem Zeichen des Leichnams und dem Zeichen *liao, „to fly high.*" Dieses Zeichen besteht aus den Zeichen des Flügels, *yü,* und der Schwärze, *tschin.* Das Zeichen bedeutet mit dem Zeichen des Feuers: das Ansehen des Feuers. Mit dem Zeichen des Ackers: *„to burn the weeds on land, that the ashes may „operate as manure before planting or sowing on the land.*" Bei der ersteren Zeichenverbindung könnte man an die hochfliegende Feuerflamme denken; die letztere aber lässt hierzu keine Gelegenheit, vielmehr scheint bei derselben nichts übrig zu bleiben, als dass die Bedeutung der Schwärze geltend gemacht wird. Die Inder nennen das Feuer *Krischnavartman „nigram viam habens*" und in Fig. 118 wird das Feuer und der Weg desselben, das Fenster, abgebildet, um die schwarze Farbe zu bezeichnen. Das Zeichen bedeutet ferner mit dem Zeichen des Fleisches: *„glue.*" Mit dem Zeichen der Kraft: vereinigte Kräfte. Mit dem Zeichen der Seide: *„close intimate intercourse.*" Diese Bedeutungen der Vereinigung lassen sich aus dem Aufsteigen ableiten, mit welchem sie zusammentreffen, wie das Zerfallen mit der Abwärtsrichtung (cf. Fig. 84).

Noch ist zu bemerken, dass das Zeichen *lwan* bedeutet: *„testicles of animals. eggs of birds. spawn of fishes.*" Obwohl es sehr gewöhnlich ist, diese verschiedenen Dinge, wie auch im Sanskrit geschieht, mit gleichem Namen zu benennen, so ist es doch bei der durchgängigen Gleichsetzung der beiden Geschlechter von Bedeutung, auch diese Gleichsetzung vorzufinden. Die männlichen Thiere werden bezeichnet wie folgt.

Kien, „strong fierce bull, used for breeding." Geschrieben mit den Zeichen des Rindes und des Erbauens, Fig. 142. *„To establish the laws. to raise upright. to erect. place to*

„establish. to build. builded up.“ Die Züge, welche die Figur nach links und unten begrenzen, bedeuten den Gang, *yen, „long journey.“* Das Uebrige ist das Zeichen des Pinsels, *yuh, „utensil for writing. style. pencil. pen. to nar„rate. forth with. than. according. to skip or hop over. le„vity of department.“* Das ist also die bildliche oder schriftliche Ausführung. Die ganze Bezeichnung des Erbauens erinnert an das Princip des Himmels, welches *siëu „ador„ning“* genannt wird. Demgemäss bedeutet das Zeichen mit dem Zeichen des Berges (Fig. 11): die Kraft des Himmels, *kien,* Fig. 27. Mit dem Zeichen des Menschen: *„strong. „not susceptible of fatigue. unceasing as the daily revolu„tions of heaven.“* Mit dem Zeichen des Feuers: *„what „is left after conflagration.“* Das von dem Feuer Erbauete. Der Bau aus dem Vorhandenen fordert eine Zerstörung des letzteren (cf. Fig. 116, 109, 136, 143). Auch der Urstoff, mit welchem die neue Welt anfängt, ist als ein Ueberbleibsel von der Verbrennung bezeichnet. Mit dem Zeichen des Holzes: *„bolt. bar on door* (cf. Fig. 125) *to stop a stream with reeds „and wood.“* Die Verstopfung und Hemmung ist eine Art des Bauens und Bildens, insofern die Dinge nur durch Interception der ruhelosen Bewegungen und Verwandlungen zu einer die Wahrnehmung gestaltenden dauerhaften Erscheinung gelangen. Mit dem Zeichen der Thür: den Riegel, Fig. 109. Mit dem Zeichen des Leders: *„case for bow and arrows.“* Das erinnert an die offene Thür des Frühlings (Fig. 121) und an die Waffen der aufgehenden Keime (Fig. 30, 40, 105). Der menschliche Körper selbst heisst *thien-thao; thien:* Himmel, *thao:* Bogenscheide. Es scheint hier weniger das Bauen als das Gebäude selbst bezeichnet zu sein (cf. Fig. 114). Mit dem Zeichen des Metalles: *„the part of lock, wh. is trust into „the case wh. contains the spring.“* Dasselbe Werkzeug wird durch unmittelbares Zusammentreffen der Bedeutungen ein Bild des männlichen Thieres (cf. Fig. 125). Bauen geschieht durch Bewegung, der Beweggrund kann daher als Erbauer benannt werden. Mit dem Zeichen des Fleisches: *„origin or head of muscles. end of tendons.“* Man kann das gleich dem Vorigen deuten, wenn anders es nicht näher liegt, den Anheftungspunkt als *„place to etablish“* anzusehen, gleich dem Individuum, in welchem die Grundsteine der Nach-

folge gelegt werden. Mit dem Zeichen des Auges: *„to num-„ber with the eye. to calculate"* (cf. Fig. 128, 138, 150). Das Zählen und Messen ist eine Theilung und Anordnung im Geiste.

Kien, gleichbedeutend mit dem vorigen Zeichen, Zuchtstier, geschrieben mit den Zeichen des Rindes und des Beiles, Fig. 143. *Kin, „axe to fell timber. an utensil for deter-„minating weight. a catty. to examine. benevolent."* Die Bedeutung des Wohlwollens (cf. Fig. 54, 138) folgt aus der Dienstbarkeit für fremde Zwecke. Das Beil ist schon als männliches Bild vorgekommen (Fig. 75, 132, 139). Dasselbe bedeutet mit dem Zeichen der Thür (Fig. 120): *„to fell „timber. place where it falls. place. a thing. cause or means. „to direct the whole strength to one affair."* Die Thür, in welche die Axt eingeht, ist der Ort, welchen sie einnimmt, indem sie das anwesende Holz fällt. Der Ort, den ein Ding einnimmt, wird immer als errungen und gewaltsam behauptet angesehen. So wird der Ort, *tschhu,* bezeichnet mit den Zeichen des Tigers und des Bleibens, um das Wesen, welches einen Ort einnimmt, mit dem Tiger zu vergleichen, welcher sich gewaltsam an seine Beute befestigt, gleich der Axt, oder durch seine Gegenwart andere Wesen fernhält und verscheucht. Wahrscheinlich ist das erstere gemeint, denn das Zeichen des Bleibens besteht aus den Zeichen der Hand und der Stütze, was an eine aktive Haltung erinnert. Die Axt bedeutet ferner mit dem Zeichen des Fusses: lahm gehen (cf. Fig. 132). Hier scheint die Erklärung, welche von der Lahmheit der Puruscha gegeben wird, nämlich dass die Lahmheit gänzliche Vertiefung und einseitige Beschäftigung bedeute, anwendbar, da die Axt ein mit Anstrengung zu führendes Werkzeug ist, und schon in der vorigen Verbindung die Bedeutung der einseitigen und ausschliesslichen Kraftanstrengung ergab. Mit dem Zeichen des Gefässes: *„mechanick. artifice. artisan. „worker. maker."* Die Axt steht innerhalb des Gefässes, und erinnert an die Axt in der Thür. Hier ist es die künstlich wirkende, ausarbeitende Axt. In Beziehung auf das Vorige mögte man auch an den lahmen Vulkan denken. Mit dem Zeichen des Feuers: *„great body of fire or light. effulgence. scorching heat of sun. to scorch. burn."* Das ist das holzspaltende und zerschlagende Feuer. Mit dem Zeichen der

Sonne: *„sun diffusing his benevolent rays early in the „morning.*" Die aufgehende, in die Thür der Welt eingehende Sonne, welche die Erde aufbricht. Mit dem Zeichen der beiden Hände: Krieger, Waffen. Mit dem Zeichen des Mundes: *„to stop up an aperture.*" Indem das Beil in die Thür eingeht, hat es dieselbe ausgefüllt und verschlossen (cf. Fig. 44, 47).

Kien, Zuchtstier, ebenfalls gleichbedeutend mit den beiden vorigen Zeichen. Geschrieben mit den Zeichen des Rindes und des Tigerbildes, Fig. 144. *Khien, „the majestic firm „step of tiger. firm. determined. sincere. respectful. vene„ration for heaven. a correct pious devote feeling. benevo„lent. weapon for hewing timber. to take by violence. to „kill.*" Der obere Theil der Figur ist das Zeichen des Tigers (cf. Fig. 119). Der untere ist das Zeichen *wen, „to „draw a line. to paint a picture or representation of a „thing.*" Das Zeichen *khien* ist daher das Ebenbild des Tigers, in seiner Erscheinung und Verrichtung. Der zerreissende Tiger ist ein Bild des spaltenden Beiles, wie er ein Bild der die Erde spaltenden Sonne war. Aus der Bedeutung des Beiles folgt die der Ergebenheit, welche das Beil *kin* ebenfalls hatte. Das Zeichen wird in den meisten Fällen stellvertretend für die beiden vorigen. Mit dem Zeichen des Holzes bedeutet dasselbe: *„granary.*" So wird, wie schon mehrfach geschehen ist, die Fähigkeit mit der Capacität des Gefässes, und die passive Empfänglichkeit mit der aktiven Anmaassung gleichgesetzt.

Hiung, „male of birds. masculine. martial." Geschrieben mit dem Zeichen des Vogels und dem Zeichen *kweng, „upper part of arm. support to a sovereign. the minister „of state.*" Bereits oben ist angeführt, dass der Mond mit dem Minister verglichen wird, und zugleich auf die Seite des *yin* zu stehen kommt. *„Heaven and earth, sun and moon, „superior and inferior.*" Mit der gegenwärtigen Benennung wird daher dem männlichen Individuum nochmals die Stellung angewiesen, welche es einnimmt, indem es dem *yin* und der Erde gleichgesetzt wird (cf. Fig. 125). Das Zeichen bedeutet auch mit dem Zeichen des Schweines: den Eber.

Kung, Fig. 145. *„The opposite of selfish. general. pu„blic. just. equitable. fair. male of animals.*" Der obere

Theil der Figur ist das Zeichen des Rückens, Fig. 42, der untere und innere Theil heisst *sze,* und bedeutet: *„deflected. „private. selfish. sheming. fraudulent."* Die Zusammensetzung wird erklärt mit den Worten: *„to turn the back and „selfish, i. q. the opposite of selfish."* Diese Erklärungsweise erinnert an Fig. 51, und dürfte gleich jener dahin berichtigt werden, dass nicht das Gegentheil, sondern die Abwendung gemeint ist. (Cf. Fig. 71, 136, 138.) Es ist die Abwendung von den eigenen inneren Angelegenheiten, die Universalität, und somit allerdings das Gegentheil des Egoismus, was aber nicht bezeichnet, sondern aus der Bezeichnung nur zu folgern ist. Das männliche Wesen steht wegen der unsichtbaren Empfängniss und der sichtbaren Entäusserung in der universalen Richtung. Auch kann die Zeichenverbindung mit Fig. 105 verglichen werden. Das Zeichen bedeutet mit dem Zeichen der S o n n e: *„sun in motion."* Das scheint anzudeuten, dass die Sonne als *yang* in ihrer Bewegung die universale hingebende und männliche Richtung verfolgt (cf. Fig. 132). Mit dem Zeichen des F e u e r s: *„to change the form „of by power of heat. to force out by heat the liquid parts"* (cf. Fig. 161). Was die universale Richtung verfolgt, zieht die untergeordneten Wesen selbst in dieselbe. Die Fortpflanzung geschieht mittels der Fortpflanzung der Richtungen. In diesem Sinne geschieht es mit vollkommenem Rechte, dass bald die aktive, bald die passive Richtung hervorgehoben wird. Mit dem Zeichen des G e f ä s s e s: *„bamboo or wooden cover, „to confine the steam of a boiler"* (cf. Fig. 49, 147). Man sieht hieraus, dass die Verdunstung, welche mit dem Zeichen des Glückes beschrieben ist, entsprechend dem Heraklitischen *ὁδος ἀνω,* auch auf die universale Seite gestellt wird. So ist in der fraglichen Zeichenverbindung das Zeichen der Universalität abgebildet in dem Gefässe, welches die Beschränkung und Rückkehr herbeiführt. Mit dem Zeichen des M e t a l l e s: Eisen. Vermuthlich als allgemein verbreitetes Metall. Mit dem Zeichen der T h ü r: offene Thür. Mit dem Zeichen des R o h r e s: ein Rohr ohne Knoten. Das Verschliessen ist ein Zeichen des Eigenthums. Mit dem Zeichen des W o r t e s: *„public litigations about property. strife. wrangling. contention."* Diese Zeichenverbindung bedeutet Worte, welche das Allgemeine betreffen. Das Allgemeine ist gleich dem Unentschiedenen ein Gegenstand des Streites. Die Zeichenverbindung dient auch zu Bezeichnung eines Kwa, welches die Linien des Himmels über denen des Wassers zeigt: ䷅. Das *yih-king* sagt: *„Dum res nutriuntur, existere necesse est „mox lites.“* Die allgemeine Nahrung ist das Wasser, und der Himmel, welcher das Wasser emporzieht und zurückkehren lässt, vertheilt damit diese Nahrung. Aber der Himmel über dem Wasser kann auch den Streit des Himmels und der Erde um das Eigenthum des Wassers darstellen. Mit dem Zeichen des Baumes: die Fichte, *sung, „generally prevai„ling tree. pine or fire tree.“* Die Fichte scheint das Element des Holzes überhaupt zu bedeuten. Als fünf Elemente, *wu-hing,* werden genannt: Wasser, Feuer, Holz, Metall und Erde. Es wird gesagt, der Mensch sei entstanden: *„From „the connexion of yin and yang, from the union of figure „and spirit, and from the pure influence of the five ele„ments“* (unter dem Zeichen des Menschen). Eben daselbst wird von der Schöpfung des Menschen ausführlicher gesagt: von Norden sei gekommen: *Schui-tsing-tsze. Schui* bedeutet das Wasser; *tsing: „the pure part of any thing. fine. „thin. subtile. ether. essence etc. semen of animals“; tsze,* Fig. 163, *„progeny, child.“* Von Süden kam: *tschhi-tsing-tsze. Tschhi,* geschrieben mit den Zeichen des Feuers und des Menschen, bedeutet: *„naked. carnation. flesh colour. red„dish colour. vermillion.“* Die beiden andern Worte sind dieselben wie in dem vorigen Namen. Von Osten kam *sung,* die Fichte. Von Westen, von dem Berge *kwen-lun,* kam *kin-mu,* die goldene Mutter. Zu diesen Vieren gesellte sich der gelbe Greis, *hwang-lao,* und *„these five persons obtai„ned by a chemical process from an immense crucible a „male being and also a femal. The latter called sche-niu, „serpent woman. These, obtaining influence from sun and „moon, produced other human beings.“* Das erste der genannten Wesen kündigt sich, da das Wssser in seinem Namen genannt ist, deutlich als das Element des Wassers an. Das zweite Wesen, welches *tschhi,* roth, genannt wird, entspricht dem Feuer. Roth ist die Farbe des Feuers, und heisst auch, wie oben angeführt ist, die Farbe der südlichen Gegenden. Auch auf dem Compass nimmt das Kwa des Wassers den Norden und das des Feuers den Süden ein. Für die Fichte, *sung*, bleibt das Element des Holzes. Die goldene Mutter repräsentirt das Metall. Der Name *kin-mu* wird zwar übersetzt durch *„golden mother,"* aber *kin* bedeutet nicht nur Gold, sondern Metall überhaupt. Auch heisst es bei dem Zeichen des Westens *si*, *„the west, region appropriated to „the metal,"* und die goldene Mutter kommt aus Westen. In so fern der Osten dem Holze entsprechen soll, ist es bemerkenswerth, dass der Osten mit den Zeichen der Sonne und des Baumes geschrieben wird. Indem das Metall den Namen Mutter führt, erscheint es weiblich personificirt, und es ist nicht zu übersehen, dass das entsprechende Zeichen der Fichte mit dem Zeichen *kung* geschrieben wird, welches nicht nur, wie die Erklärung berücksichtigt, das Allgemeine, sondern auch das männliche Princip bedeutet. Das Feuer, welches von Süden ausgeht, stellt sich damit auf die Seite der männlichen Macht des Himmels, und das von Norden ausgehende Wasser stellt sich auf die Seite der weiblichen Macht, der Erde. *Hwang-lao* endlich kommt aus keiner bestimmten Weltgegend; denn er stellt die Erde selbst vor. Gelb, *hwang*, ist die Farbe der Erde. Das männliche Thier wird mit dem Zeichen der Erde geschrieben (cf. Fig. 125). Der grosse Schmelztiegel (cf. Fig. 122), in welchem diese Fünf die Menschen bereiten, erinnert vornehmlich an die Erde als grossen Ofen (cf. Fig. 122).

Tsung, *„boar. young pig."* Geschrieben mit den Zeichen des Schweines und des Ahnentempels, Fig. 146. *„Place where „the departed hear and answer prayers. temple of ancestors. „tablet dedicated to them. the point to which men and „things turn, as water to the sea, and all men to court."* Der obere und äussere Theil der Figur ist das Zeichen des Daches, darunter ist das Zeichen des Geistes, Fig. 85, welches hier anstatt einer wagerechten Linie deren zwei hat. Das ist also das Haus des Geistes. Ein solches Haus ist jedes Individuum. In Beziehung auf die Fortpflanzung erhält die Bezeichnung ihren Sinn nur durch metempsychotische Lehren. Die Seelenwanderung heisst *lun-hwuy*. *Lun* bedeutet einen Wagen, das Grosse und die Richtung von Norden nach Süden; *hwuy* bedeutet Rückkehr. Indem angenommen wird, dass die abgelebten Individuen in den neugeborenen

Keimen wiederkehren, erscheint das väterliche und mütterliche Wesen, welches jene Keime nach einander enthält, als der wirkliche Ahnentempel, indess der erbauete Tempel nnr ein Schatten- und Sinnbild dieses lebendigen ist. Das Zeichen *tsung* bedeutet mit dem Zeichen des Edelsteines: den achteckigen Stein, welcher die Erde vorstellt, und über dessen Bedeutung schon oben gesprochen ist.

Tsung, „boar. pig six months old." Geschrieben mit dem Zeichen des Schweines und dem Zeichen Fig. 147 *„to „draw up the feet, as a bird in flying."* Der obere Theil der Figur ist das Zeichen des Unglücks, cf. Fig. 49, mit Hinzufügung zweier Linien, welche die Bedeutung des Unglücks in die der Unglückstiftung und Furcht verwandeln, *„malevo- „lent. cruel. distressing fear. cry of fear."* Der untere Theil der Figur ist das Zeichen der Folge (cf. Fig. 84). Dieser Zusammensetzung zu Folge soll das Anziehen der Füsse ein furchtsames Zurückziehen sein. Diese Zurückziehung bezeichnet sonst das weibliche Princip (cf. Fig. 6). Daher ist auch die Schildkröte, welche anderwärts der Aphrodite zukommt (*Plutarch de Is. et Os. 75*) ein entschieden weibliches Bild; *kwei, tortoise. she has no male and copulates with „the serpent" kwei-kung: cuckold* (*kung,* Fig. 145). Das Zeichen der Schildkröte bedeutet mit dem Zeichen der Frau: *„to foreknow changes."* Mit dem Zeichen der Nacht: *„tor- „toise drawing in its head."* Mit dem Zeichen der Reispflanze: den Herbst. Das Vorherwissen scheint sich auf das Einziehen der Glieder bei herannahender Gefahr zu beziehen. Die Nacht und der Herbst sind die Zeiten der Zurückgezogenheit und Sammlung, und der Herbst wird durch die verschlossene Thür bezeichnet (Fig. 34). Um hiervon eine Anwendung auf das gegenwärtige Zeichen zu machen, hat man zu bemerken, dass das Schwein mit gebundenen Füssen, *tschhuh, „a pig with its feet tied"* mit dem Zeichen des Holzes die Castration bedeutet, indess die Castration mit der Fortpflanzung gleichgesetzt ist (cf. Fig. 153). Die angezogenen Füsse sind nicht nur den gebundenen, sondern auch den lahmen Füssen ähnlich (cf. Fig. 132, 143 etc.). Wie die Schildkröte bei den Indern ein Bild der geistigen Sammlung ist, so kann die Anziehung der Füsse des fliegenden Vogels noch eher ein Bild der geistigen Sammlung und einseitigen ausschliesslichen Spannung sein; daher kann auch das gegenwärtige Zeichen mit dem Zeichen des Ahnensaales, Fig. 146, wie in mehreren Zeichenverbindungen geschieht, gleichbedeutend gebraucht werden. Eine ähnliche Bedeutung der Sammlung tritt auch hervor, wenn das Zeichen bedeutet mit dem Zeichen der Reispflanze: ein Bündel. Mit dem Zeichen der Hand: zählen, rechnen (cf. Fig. 128, 138). Mit dem Zeichen des Schiffes: *„a boat stationary. to reach or arrive at „place or time. it. i. q. kiai, the body returned to a clod „of earth. boat at ground, on the sands."* Nicht so nahe liegen die Bedeutungen mit dem Zeichen der Erde: *„to sow „or plant without being ploughed"* (cf. Fig. 101) und mit dem Zeichen der Reispflanze: *„to sow. to put into the „midst of"* (cf. Fig. 137).

Thih, „bullock. victime. to sacrifice an animal. a stal„lion. to pair. to marry. to stand forth alone. insulated. „single. especially purpose for. a sow that bears one pig." Geschrieben mit den Zeichen des Rindes und des Tempels *„ground* (Fig. 45) *and hand holding a measure* (Fig. 76) *„place measured and subjected to fixed laws. certain cham„bers for officers. hall. chamber of eunuchs. temple."* Die Zeugung ist ein Opfer. In dem gegenwärtigen Zeichen scheint die Bedeutung der Aufopferung vorzuherrschen. Dasselbe bedeutet mit dem Zeichen des Ackers: *„place of sacrifice;"* mit dem Zeichen der Thür: den Verschnittenen. Mit dem Zeichen der Krankheit: *„disease in posteriors. hemorrhoi„des or piles"* (cf. Fig. 136, 141). Mit dem Zeichen der Sonne: Zeit, Gelegenheit. Der gemessene Platz setzt Abtheilung und Spaltung voraus. So erinnert das gegenwärtige Zeichen an die Spalte, welche die Gelegenheit bedeutet.

Thih, „single. bullock used for breeding. agreable. according. founded upon." Geschrieben mit dem Zeichen des Rindes und dem Zeichen, Fig. 148, *tschih, „straight. direct. „correct. proper. to straighten. to accord with. to rectify. „price of a thing."* Die Elemente der Figur sind deutlich, die Zusammensetzung aber wird nicht ausdrücklich erklärt. Das obere Kreuz entspricht der Zahl Zehn, darunter ist das Zeichen des Auges, und unter diesem das Zeichen des Verbergens, welches bereits in Fig. 83 und 114 vorgekommen ist. Bevor es zu der Erklärung dieser Zusammensetzung kommt, ist festzuhalten, dass die Zeichenverbindung die Bestimmung, das Geeignete und Tüchtige bedeutet, wodurch das Zeichen sich denjenigen anreihet, welche die Angemessenheit für fremde Zwecke, und die Dienstbarkeit bezeichnen. Wer Andern dienen will, muss mit sich selbst fertig sein, und umgekehrt kann oder soll der, welcher für sich selbst vollkommen gesorgt hat, Andern dienen. Daher bedeutet das Zeichen des weisen Mannes, Fig. 133, mit dem Zeichen des Menschen: ein Amt haben und dienen, „*to serve.*" Der weise Mann wird mit dem Zeichen der Zahl Zehn „*perfect number*" geschrieben, und bedeutet: „*one who is complete.*" Auf dieses Vollkommen- und Fertigsein stützt sich unmittelbar die Bedeutung des Wirkens für fremde Zwecke. Man kann daher in dem gegenwärtigen Zeichen der Zahl Zehn dieselbe Bedeutung beilegen. Sie bezeichnet die Vollendung und damit die Fähigkeit, für Andere zu wirken. Nun bleibt das Zeichen des Auges und des Verbergens übrig. Das Zeichen des Verberges bedeutet auch die Verborgenheit und Dunkelheit, wie bei Fig. 83 gesagt ist, wo dasselbe mit dem Zeichen des Eingehens bedeutet „*entering* „*obscurity.*" Das Auge mit dem Zeichen der Verborgenheit kann nur das Untersuchen und Anschauen des Verborgenen bedeuten. Auch scheint damit die gemeinte Tüchtigkeit und Wirksamkeit bezeichnet zu sein, wie sich aus der Bedeutung „*to rectify*" schliessen lässt. So erinnert dieses Zeichen an die Erkenntniss und das Suchen (Fig. 139). Das Zeichen bedeutet mit dem Zeichen des Bogens: den Bogen; d. i. der Bogen als Werkzeug, der brauchbare Bogen. Mit dem Zeichen des Todes: „*to fatten. enrich, as by steeping in fat.* „*to plant. grow. erect. make grow. increase. flourish. to be* „*covetous of gain and prosperity. to level. confer office* „*upon*" (cf. Fig. 28). Das ist der Tod als Diener des neuen Lebens. (Fig. 136, 146, 147.) Mit dem Zeichen des Holzes: „*iron pestle or wooden beater. club* (cf. Fig. 156) *to lean* „*upon. to strike with. beater or club. to stick in ground.* „*to plant trees* (Fig. 104, 137) *planted. placed erect* (cf. Fig. „142) *to lay down.*"

Kiëu, „*the male of animals.*" Geschrieben mit den Zeichen des Rindes und der Verzweigung, Fig. 149, „*to branch* „*out gradually, and take hold of. to twist or entwine, as* „*vegetable creepers.*" (cf. Fig. 104.) Das scheint an die Abstammung zu erinnern. Ausserdem lässt sich das Zeichen vergleichen mit der Zweiggabel „*lignum bifurcum*" dem Bilde des Priap.

Kiëu, „*large male animal*," geschrieben mit den Zeichen des Rindes und des Maasses, Fig. 150, „*measure. ursa major*." In Zusammensetzungen zeigt sich durch die Bedeutungen: mit dem Maasse nehmen, das Maass abstreichen, vollfüllen und messen, dass ein Hohlmaass gemeint ist, wie auch in dem Wörterbuche des Basil ausdrücklich gesagt ist „*mensura* „*cava. mensura liquidorum*." Entsprechend dem letzteren bedeutet das Zeichen in einer Verbindung den Weinbecher. Remüsat dagegen erklärt das Zeichen ausdrücklich als Getraidemaass „*mesure. boisseau*." Wenn man aber auch nur die allgemeine Bedeutung des Hohlmaasses festhält, geben sich nichts desto weniger die Beziehungen auf das Wassergefäss des Çiva und Osiris, und andererseits auf das Getraidemaass anderer männlicher Gottheiten, namentlich des Pluto und Priap. (*Causaei. Mus. Rom. 2.*) Das Zeichen des Maasses bedeutet mit dem Zeichen der Zunge: „*to take a thing with the* „*measure*." Mit dem Zeichen der Vereinigung: „*to enter*." Mit dem Zeichen des Reiskornes: „*to measure. estimate.* „*calculate. manage. reflect. deem. judge. suppose. material* „*of which things are made. capacity. to pull*." Diese Bedeutungen erinnern an den Urstoff, welcher mit dem Zeichen des Reiskornes geschrieben und mit einem Gefässe verglichen wurde. Mit dem Zeichen des Sonnenlichtes (Fig. 27): „*handle by which to turn a thing. strikes for drawing across* „*the top of grain measure. to turn round. to cause to cir-* „*culate. remove from place to place. superintend the equal* „*levying of tribut*." Diese Bedeutungen beziehen sich ohne Zweifel auf die Regelmässigkeit der Bewegungen, welche durch die verwandelnde Sonne der Erde zugemessen werden. Das Zeichen stellt die Sonne als Maass vor. Der Kaiser heisst die verwandelnde Sonne und zugleich das Gefäss des Volkes. Damit ist die Sonne gewissermaassen schon als Gefäss bezeichnet, um so mehr, wenn von ihr gesagt wird, sie schliesse alles ein „*light of sun including every thing*." Das Zeichen bedeutet ferner mit dem Zeichen der Vereinigung (Fig. 69): „*to adjust measures*." Mit dem Zeichen der Erde: *1.* „*to take or pour out as with a spoon. add to. pour into.*

„deliberate. adjust. 2. mould. earthen pattern." Mit dem Zeichen des Wurmes: *tëu, kho-tëu „tadpole, also called „ho-tung* (*ho* leben, *tung* Morgen) *schui-sien-tsze* (*schui* „Wasser, *sien* gewisse geisterhafte Wesen, *tsze*, Fig. 163) *„lui-kung-yü, thunderfish.*" Nach den Froschlarven, *kho-tëu*, ist die erste chinesische Schriftform genannt worden. Dieselbe setzt ihre Figuren aus Zügen zusammen, die mit einem Punkte beginnen, und in einen Strich auslaufen ǀ. Der Frosch, *wa*, wird geschrieben mit den Zeichen des Wurmes und des Scepters, *kwei*. Dieses Zeichen des Scepters, welches eine Verdoppelung des Zeichens der Erde ist (*„earth „raised on earth*" *„sceptre of fine stone. the emperor gave „then as badge or seal of his authority. a measure*") bedeutet mit dem Zeichen des Looses die alten Symbole, *kwa*. *Wa-khëu*, Froschmaul, *„the external orifice of urethra.*" Das Zeichen des Maasses bedeutet ferner mit dem Zeichen der Reispflanze: *„line applied as a rule. class. series. order. „rank. rule at determinating degrees. examination. wood „hollow in the centre.*" Diese Zeichenverbindung giebt mit dem Zeichen des Wurmes die zweite Sylbe, *kho*, zu dem Namen *kho-tëu*. Mit dem Zeichen der Thür (Fig. 120): *„sort „of scoop, to lave the water out of a boat.*" Mit dem Zeichen des Holzes: *„sort of ladle.*" So wird das Maass dem weiblichen Embleme des Löffels, Fig. 102, gleich. Mit dem Zeichen der Hand: *„the appearance of shaking up as „in a measure. to rouse. shake up.*" Man erinnert sich hier an das Princip der Bewegung, welches über dem Individuum steht, als dessen Bild das Maass gegeben worden ist.

Pëu, „the male." Geschrieben mit den Zeichen des Rindes und des Ausspeiens, Fig. 151, *„to spit out. to reject „with scorn. who has discernment, to distinguish right and „wrong, and to reject the latter with scorn.*" Die Figur besteht aus Fig. 44, und darüber dem Punkte, welcher den Herrn bedeutet. Da Fig. 44 die Bedeutung der Negation hat, so wird diese Zusammensetzung erklärt mit den Worten *„master and not.*" Wenn man sich erinnert, dass in jener Figur der Mund die Stelle der Erde, und der Vogel die Stelle des Himmels ersetzte; auch dass in dem Worte *thun* der Mund des Himmels als verschlingend bezeichnet wird, und dass der Regen eine Rückkehr des emporgehobenen Wassers heisst, so kann man nicht umhin, in dem gegenwärtigen Zeichen eine Anspielung auf diese Verhältnisse zu sehen. So könnte man in diesem Zeichen eine Erklärung der Rückkehr und eine wirkliche Rechtfertigung der ausdrücklichen Bedeutungen finden; denn die Erklärung *„master and not"* macht die Entstehung der Bedeutungen keineswegs verständlich. Jener oberste Punkt, welcher den unabhängigen Herrn bedeutet (*„lord. sovereign. master. principal. chief. to rule. „govern. direct"*) ist gleich dem Principe der Ordnung, *li*, oder dem Oberherrn, *schang-ti* (Fig. 89), welcher das, was irdische Natur an sich hat, wie ein Exkrement verwirft. Dem entsprechen die ferneren Bedeutungen des Zeichens. Mit dem Zeichen des Holzes: *„flail."* Der durch den Schlag aushülsende Dreschflegel ist gleich dem *yang*, wenn es mit einem Schlage verwandelnd die Welt eröffnet (die Verwandlung *pien* geschrieben mit dem Zeichen *ping*, Fig. 36, und dem Zeichen des Schlages, Fig. 77). Mit dem Zeichen des Schlages: *„to open out by shaking."* Die Oeffnung durch Erschütterung weist denselben Sinn nach. Mit dem Zeichen der Thür: die Thür öffnen. Mit dem Zeichen der Reispflanze: *„coulter for plough."* Mit dem Zeichen des Pfluges: pflügen. Mit dem Zeichen des Messers: in der Mitte theilen. Mit dem Zeichen des Weines: *„liquor with the dregs in it."* Das lässt sich auf die bevorstehende Abscheidung beziehen. Mit dem Zeichen des Wassers: *„foam on waves."* Mit dem Zeichen des Feuers: *„to dry with fire. to hatch with „fire, as ducks eggs."* An das Brüten ist wahrscheinlich auch gedacht, wenn Welt und Gebärmutter mit dem Ofen verglichen werden. Mit dem Zeichen der Erde: *„to add earth. „add mould or manure to roots of plants. to assist. benefit. „nourrish. stop up with earth, as a channel for water."* Das scheint die auswerfende Erde zu bezeichnen, welche mit ihrem Auswurfe das nachfolgende Leben fristet (cf. Fig. 88 —93, 148). Mit dem Zeichen des Fusses: *„to fall pro- „strate"* und mit dem andern Zeichen des Fusses: *„to fall „down dead."* Hier findet anstatt der aktiven die passive Bedeutung Statt. Mit dem Zeichen des Sprossens (Fig. 111): *„strong. unwearied."* Mit dem Zeichen des Krautes: *„grass or „herbage. thatch for cottage."* Diese Zeichenverbindung lautet *phu*. *Phu-sa*, *„deified men and women. defined: to*

„assist or help and to see every thing.“ In den *Nouveaux melanges Asiatiques* heisst es: *„Phou-sa, nom de mytholo-„gie Bouddhaique, est devenu nom commun des idoles fe-„minins, que nous nommons pagodes.“* Dazu passt die Erklärung in dem Wörterbuche des Basil *„nomen idolorum. item „sic vocantur feminae honoris causa.“* Der Name *sa* wird geschrieben mit den Zeichen des Krautes, *tsao,* des Berges, *fëu,* und des Gebärens, *tsan.*

Das Zeichen des Ausspeiens, *thëu,* kommt mit dem Zeichen der Hülsenfrucht, *thëu,* wie durch den Gleichlaut, so durch Stellvertretung zusammen. *Thëu, „vessel to contain „food, used in sacrifices. grain. leguminous plants. beans. „peas.“* Wahrscheinlich ist das Aufbersten der Hülsen und das Herausfallen der Samen berücksichtigt. Da auch der Stiel, an welchem die Samen hängen *„the small string by wh. „peas hang in the shell“* zugleich den thierischen Nabel bedeutet, so ist die Hülse einigermaassen als ein Bild des Fruchthälters anzusehen. (cf. Fig. 54.)

Kang, bei Morrison: *„bullock,“* bei Basil: *„taurus. bos „mas.“* Die Bezeichnung ist hier aufgenommen, weil das constituirende Zeichen in dem gegenwärtigen Kreise bedeutend ist. Es ist das Zeichen des Bergrückens (verbunden mit dem Zeichen des Rindes) Fig. 152, *kang, „ridge of hill or „mountain. top of high hill.“* Der untere Theil der Figur ist das Zeichen des Berges, *schan* (cf. Fig. 61). Der obere Theil das Zeichen des Netzes, *wang.* Das Netz über dem Berge erinnert an die Decke des Himmels, und an die Decke von Wolken oder Schnee. Das Zeichen des Himmels verbunden mit dem Zeichen des Berges bedeutet: *„to condense vapours. „to congeal.“* Das ist die Decke, mit welcher sich der Bergrücken bekleidet. Das Zeichen des Bergrückens bedeutet mit dem Zeichen des Messers: hart, fest, die Eigenschaft des Himmels und *yang.* Da das Zeichen zugleich: *„recently. „just, now“* bedeutet, so ist vermuthlich an die Härte und Schärfe frischer Felsenbrüche gedacht. Die Bedeutung der Härte liegt schon in dem Zeichen des Bergrückens selbst, daher bedeutet dasselbe mit dem Zeichen des Feuers: *„stiff „sharp edge. to harden, as steel is done by passing through „the fire.“*

Kiai, „bull for breeding. to geld.“ In wiefern die Castration mit der Zeugung gleichgesetzt wird, ist schon oben bei Fig. 136 bemerkt worden. Das Zeichen wird geschrieben mit den Zeichen des Rindes und der Beleidigung, Fig. 153, *hai* „*(roof, confusion and mouth; because calamities often* „*arise from domestic broils) to injure. hurt. to be inju-* „*rious or hurtful. calamitous. detrimental.*" Der untere Theil der Figur ist das Zeichen des Mundes; darüber die aufrechte von drei wagerechten durchkreuzte Linie ist das Zeichen *kai* „*grass or herbage growing in confusion. a deed* „*or bond, in ancient times engraven on bamboo;*" darüber ist das Zeichen des Daches. Bevor versucht wird, diese Zusammensetzung zu erklären, ist eine ähnliche und deutlichere Bezeichnung anzuführen. Obwohl die passive Bedeutung in dem Zeichen *hai* nicht ausgeschlossen ist, so wird doch die aktive „beleidigend und schädlich sein" ausdrücklich hervorgehoben. Wenn diese Bedeutung auf das männliche Thier angewendet wird, und dasselbe ein Beleidiger und Störer genannt werden soll, so erinnert das an den Beweggrund (cf. Fig. 102), denn die Beleidigung kommt mit der Feindschaft und Ruhestöreng überein. So bedeutet das Zeichen des Feindes, *khing,* mit dem Zeichen des Steines: einen klingenden Stein anschlagen; mit dem Zeichen des Ohres: den Klang; mit dem Zeichen des Eies: den brütenden Vogel. Der Schlag stört die Ruhe des Steines, indem er denselben klingen macht; der Schall heisst *hiang-thung,* d. i. Schallbewegung „*motion* „*being necessary, to cause sound.*" Der Klang stört die Ruhe des Ohres, und der brütende Vogel stört die Ruhe des Eies. Der Vogel ist der Feind der Eier; denn er vernichtet dieselben, indem er die Brut hervorbringt. Nimmt man hierauf Bezug bei Erklärung des Zeichens *hai,* Fig. 153, so fällt vor Allem auf, dass das Zeichen *kai* nicht sowohl Verwirrung im Allgemeinen, sondern eine durch üppigen Wuchs verwirrte Vegetation bedeutet. Das Ausschweifende, Zügellose und Ruhestörende wird mehrfach mit Bildern bezeichnet, welche dem üppigen Pflanzenleben entnommen sind; so bedeutet das Zeichen *phuh:* „*plants* „*shooting up luxuriantly. disobedient. opposed to just con-* „*troul. perverse. rebellious.*" Man ist daher nicht genöthigt, die bestimmte Bedeutung der verwirrten Vegetation zu verwischen, sondern man sieht das üppige Erzeugniss zwischen dem Munde, von welchem es ausgeht, (der Mund, *khëu*, bedeutet überhaupt *„speech, utterance,"* und ist daher von dem entwerfenden Erdmunde wenig verschieden) und dem Dache, von welchem es beschränkt wird. Hieraus folgt Conflikt und und Verwirrung, und die nothwendige Folge des inneren Kampfes, welcher in Fig. 30 durch das Zeichen des Stammelns versinnlicht wird, ist Eröffnung. Daher liegt auch die Bedeutung der Eröffnung, gleichsam vorhersagend, schon in dem Zeichen *hai* eingeschlossen, und offenbart sich in mehreren Zeichenverbindungen. Mit dem Zeichen des Thales: *„to „open expand."* Mit dem Zeichen des Mundes: *„to open „the mouth wide. to yawn."* Mit dem Zeichen des Messers: *„to cut. divide. wound. injure. ruin."* Mit dem Zeichen der Waffe (Fig. 156): *„to wound. hurt. exterminate."* Mit dem Zeichen des Duftes: *„effluvia."* Als verwandt und nahe, oder vielmehr zwischen inne, gelegen sind die Bedeutungen der Erfüllung und Spannung anzusehen. Mit dem Zeichen der Speise: *„filled. satiated"* (cf. Fig. 114, 162). Mit dem Zeichen des Holzes: *„with wh. to support. wh. „keeps in position. cross bow."* Endlich bedeutet das Zeichen mit dem Zeichen des Schafes: *„copulation of sheep. to „ride a yew;"* und mit dem Zeichen des Pferdes: *„to pass „from horse to horse at different stages."* Mit dem Zeichen des Schlages (Fig. 77): den Feind.

Pho, „ungelded bull." Geschrieben mit den Zeichen des Rindes und Fig. 154, *po, „case in wh. bamboo reed are „stuck. woody luxuriant herbage."* Der untere Theil der Figur zeigt die beiden darreichenden Hände (cf. Fig. 5, 32). Das Uebrige ist das Zeichen *tscho, „luxuriant herbage. „woody."* Das Zeichen bedeutet mit dem Zeichen des Menschen: *„to follow. comply. who gives himself to serve. en„gaged in mean employments. charioteer. disciple. to have „respect. hide."* Diese Zeichenverbindung wird gewöhnlich gebraucht um Fig. 154 zu ersetzen. Ueber die Bedeutung des Dienens und der Angemessenheit für fremde Zwecke ist bereits in mehreren Beziehungen gesprochen (cf. Fig. 148). Das Zeichen bedeutet ferner mit dem Zeichen der Erde: die Erdscholle (cf. Fig. 14, 92 sq.). Mit dem Zeichen der Hand: *„to lean against"* (cf. Fig. 94). Mit dem Zeichen des Holzes: *„plain hard close wood. utensil not finished. matter*

„or substance of.“ Mit dem Zeichen des Edelsteines: *„the external covering of gem. gem not yet freed from the „external coat.“* Mit dem Zeichen des Reiskornes: *„hus-„ked rice.“* Mit dem Zeichen des Weines: *„white scum „growing on liquor.“* Alle diese Bedeutungen dienen zu Bezeichnung der Schale oder der Schälung (cf. Fig. 29). Wenn daher das männliche Thier bezeichnet wird, so erscheint dasselbe als die Schale des Keimes, oder als der noch nicht ausgeschälte Keim, wobei die Identifikation des Wesens mit seiner Wiedergeburt sich fast von selbst ergiebt.

Tsang, „male sheep. yew sheep. copious. abundant „clouds.“ Geschrieben mit den Zeichen des Schafes und des Lagers, Fig. 155, *tschwang, „supposed to resemble the body „leaning against something. a couch or bed.* Diese Bezeichnung, welche sowohl für das weibliche wie für das männliche Thier gilt, scheint das Individuum als Lagerstätte des Keimes zu bezeichnen. Das Zeichen bedeutet mit dem Zeichen des gebundenen Pfeiles (*„arrow with string at-„tached to it“*): *„post or pile driven into the ground, to „which boats are moored“* (cf. Fig. 147). Mit dem Zeichen des Beiles: schlagen und verwunden. Das ist die Lagerstätte des Beiles, gleich der Thür, in welche das Beil gegangen ist. Mit dem Zeichen des Hundes: *„external appea-„rance. form. fashion.“* Das ist gleich der Bezeichnung des Ortes als Anhaltpunkt des Tigers, oder als Thür der Axt (cf. Fig. 143). Mit dem Zeichen der Frucht: *„name of vessels „for sacrifice.“* Der Organismus, welcher das Lager der Frucht ist, ist selbst mit dem Bilde des Opfergefässes bezeichnet worden (cf. Fig. 106). Das Zeichen *tsang,* welches das männliche und zugleich das weibliche Schaf bedeutet, wird auch geschrieben mit den Zeichen des Schafes und des Rindes; dessgleichen mit den Zeichen des Schafes und der Mutter; endlich mit den Zeichen des Schafes und der greifenden Hand, *liëi „(nail and hand.) to take hold of with the fin-„gers of one hand, and to take with the other.“* Das Zeichen besteht aus dem Zeichen der das Maass haltenden Hand, Fig. 76, und dem Zeichen der Klaue, welches den oberen Theil von Fig. 169 bildet. Das Zeichen behält die Bedeutungen des Haltens und Enthaltens, und bedeutet mit dem Zeichen des Tigers: *„marks of tigers foot made in the act*

„of seizing on its prey." Mit dem Zeichen der Erde: *„water contained by natural indentation on the top of hill."* Mit dem Zeichen des Rindes: *„cow with white back."* Der weisse Rücken der Kuh erinnert an den mit Wasser bedeckten Rücken der Erde; denn weiss ist die Farbe des Wassers. Der weisse, mit Wasser bedeckte Rücken scheint zumal an das Aufbrechen der Erde und die dadurch geöffneten Wasserbehälter zu erinnern. Daher heisst die Kuh mit weissem Rücken auch *lai,* geschrieben mit den Zeichen des Rindes und des Skorpions, *tschhai,* welches bedeutet *„sting in tail."* Das ist hier offenbar der aufgebrochene Rücken. Vielleicht ist hierbei auch berücksichtigt, dass dunkelfarbige Thiere auf geschlossenen Wunden zu Zeiten weisse Haare erzeugen. Der versuchten Erklärung entsprechend bedeutet das Zeichen *liëi* mit dem Zeichen des Ackers: *„to plough. to raise the „clod."* Mit dem Zeichen des Messers: *„to cut or pare „off."* Mit dem Zeichen des Holzes: *„mast of boat."* Die Inder betrachten den Mast gleich dem Berge als Phallus (v. Bohlen a. a. O.). Der Mast wird auch geschrieben mit dem Zeichen des Schiffes und dem Zeichen *sih,* welches aus dem Zeichen des Getraides und der Scheuer bestehend, bedeutet *„whatever comes or is brought and stored up in the gra- „nary by husbandmen. desirous of accumulating. covetous. „avaricious. sparing."* Das bezeichnet den Mast als Mittel- und höchsten Punkt (cf. Fig. 147).

Ku, „anciently male sheep, now female." Geschrieben mit den Zeichen des Schafes und des Schaftes, Fig. 156, *„military weapon of spear kind. handle of spear."* Der untere Theil ist das Zeichen der Hand, der obere das Zeichen des Federschmuckes auf Waffen (cf. Fig. 105). Der Träger und Handgriff scheint eine ähnliche Bedeutung zu haben, wie das Lager, Fig. 155.

J, „ram for breeding. riding the ewe. boisterous. vio- „lent." Geschrieben mit dem Zeichen des Schafes und Fig. 157, *„to wound. hurt. destroy. exterminate. eradicate. change. „level. equalize. class. arrange. arranged in order. great. „good. long lived. easy. comfortable. pleased. foreigners. „sitting squatted, crossledged."* Das Zeichen besteht aus den Zeichen des Bogens (cf. Fig. 105) und des Mannes, Fig. 9, welches die Grösse bedeutet. Die ersten Bedeutungen scheinen sich auf die Wirkungen des grossen Bogens zu beziehen, die letztere auf ein Volk, welches grosse Bogen trägt. Die Bedeutungen erinnern hauptsächlich an Fig. 153. Das Zeichen bedeutet mit dem Zeichen der Hand: *„to pluck. „snatch. pull a bow string. to cause to shoot forth."* Mit dem Zeichen des Schweines: *„gelded pig"* (cf. Fig. 147, 153, 161). Mit dem Zeichen des Metalles: Eisen (cf. Fig. 145). Mit dem Zeichen des Wassers: *„watery excretion „of nose"* (cf. Fig. 159),

Ti, „male sheep. ram. buck." Geschrieben mit den Zeichen des Schafes und der Wurzel, Fig. 158, *„(to descend „and line denoting the ground) reaching to the ground. low. „mean. radical. fundamental. to revert. come again. arrive „at. pass the night."* Die Figur besteht aus einer wagerechten Linie, welche die Erde bedeutet, und aus dem Zeichen der Familie. Die Anwendung des Zeichens erinnert zuvörderst an die buddhistische Benennung des Phallus: *Nan-Ken, Nan:* Mann und *Ken:* Wurzel. Das Zeichen der Wurzel bedeutet mit dem Zeichen des Fleisches: den Magen und die Eingeweide überhaupt (cf. Fig. 108, 138). Mit dem Zeichen des Knochens: *„the back. fundament."* Das erinnert an den Rücken der Erde. Ein grosser Theil der abgehandelten Zeichen dient zu Bezeichnungen des Rückens und der Hüften. Fig. 54 bedeutet *„bones of loins and pelvis."* Das Zeichen der Ausdehnung, S. 127, *hip bones."* Fig. 31: *„thigs. funda„ment."* Fig. 140: *„os coxendicum. croupion. lower end of „spine."* Fig. 156: *„commencement of lower extremities. „thigs."* Fig. 157: *„flesh on the backbones."* Das Zeichen der Wurzel bedeutet ferner mit dem Zeichen der Erde: die Insel. Das erinnert an den *linga* inmitten des Wasserbehälters der *yoni,* und an das Individuum überhaupt. Mit dem Zeichen der Reispflanze: *„to replant."* Das Umpflanzen ist nicht mehr das Bergen des Samens, sondern der Wurzel (cf. Fig. 137).

Kie, „ram." Geschrieben mit den Zeichen des Schafes und der Nase, Fig. 159, *tsze, „the ancient form of nose. „from a time or place or rank. to use. employ. self."* Schon in der alten Schrift ist das andere Zeichen der Nase vorhanden, welches zu dem gegenwärtigen Fig. 31 hinzufügt. Diese Zeichenverbindung bedeutet die Nase, *pi, „the nose. the first*

„or origin of, because the nose is first formed in womb.“ Das kann in einer Beziehung zu dem Urstoffe als Dunst oder Rauch stehen. Indessen heisst es: *„the nose is the earth-„star of the five senses.“* Wenn man die erstere Beziehung gelten lassen will, dass die Nase eben so das Erste sei, wie der Dunst, welchen sie wahrnimmt, so kann man es auch hierher beziehen, dass die Bezeichnungen für das männliche Thier und für die Verbrennungsprodukte mehrfach unter demselben constituirenden Zeichen zusammenfallen (cf. Fig. 142). Will man die andere Beziehung hervorheben, so reihet sich die Bezeichnung denjenigen an, welche die Erde und das *yin* zu Zeichen des männlichen Thieres machen.

Yü, *„ram. black ram. beautiful. a mountain spirit, to „wh. candles are lit.“* Geschrieben mit den Zeichen des Schafes und der Beistimmung, Fig. 160, *„(to put together, „boat and water) to hollow out a tree to form a boat. to „answer. good. well. yes. to assent.“* Der obere Theil der Figur ist das Zeichen der Vereinigung, Fig. 82; darunter steht links das Zeichen des Schiffes, und rechts das Zeichen des Wassers oder des Messers, wie in der Form, welche Fig. 160 zeigt. Der Sinn bleibt in beiden Fällen derselbe. Die Bedeutung der Beistimmung kommt dem männlichen Individuum als untergeordneter Macht gleich dem *yin* und der Erde zu. Die eigentliche Bedeutung des Schiffbaues erinnert zunächst an den Mutterleib, nicht minder aber an den männlichen Keimhälter. Wie der Mutterleib mit dem Grabe, und das Schiff mit den Beiden verglichen wird, so findet sich hier dasselbe, wenn das Zeichen mit dem Zeichen der Erde: das Grab *„grave;“* mit dem Zeichen der Höhle: *„privy. close „stool“* (cf. Fig. 87, 92 sq.) bedeutet.

Kie, *„strong violent ram. to castrate.“* Geschrieben mit den Zeichen des Schafes und der Frage, Fig. 161, *ho*, *„who? „why? to stop, as by sharp interrogation. to intimidate. „expell. drive out by hooting.“* Der obere Theil der Figur ist das Zeichen des Wortes (Fig. 72), der untere das Zeichen des Bettelns *„to request. sollicit. crave. beg. give. bestow. a „beggar.“* Die Bedeutungen erinnern zunächst an Fig. 153, dann auch an 147, und einigermaassen an 151. Eine anderseitige Beziehung ergiebt sich zu Fig. 139. Wesentlich scheint die zu Entäusserung antreibende Macht, der *„generative sti-*

„mulus" (cf. Fig. 54) bezeichnet zu sein. Auch die Sonne wurde mit dem Zeichen des Bettelns geschrieben, und dessgleichen der Gast (Fig. 115), welcher das weibliche Wesen bezeichnet. Hierbei zeigt sich die Vieldeutigkeit dieser Begriffe vornehmlich. Während die Sonne sich suchend dem Unteren zuwendet, und der Gast eben so entschieden dem Oberen, ist es von der gegenwärtigen Bezeichnung wenig entschieden, nach welcher Seite die Zuwendung geschehen soll. So viel nämlich zeigt sich, dass die scharfe Frage und Einschüchterung von Seiten des Oberen gegen den Unteren gerichtet ist, aber es ist misslicher, zu entscheiden, ob das männliche Thier als austreibende Macht gegen den Keim gerichtet, oder ob es unter dem durchdringenden Einflusse der treibenden Himmelskraft (Fig. 27) dargestellt sein soll. Das letztere scheint am nächsten zu liegen. Das Zeichen bedeutet mit dem Zeichen der Erde: *„aperture or slit in wall."* Die Spalte (Fig. 47) ist die Eröffnung und Gelegenheit, welche einer wirksamen Macht gegeben wird. Mit dem Zeichen der Sonne: *„stroke of sun. hot."* Indem hier die aktive Seite dargestellt wird, und, wie bereits oben erörtert ist, die Wendung nach beiden Seiten gleichmässig stattfindet, könnte man, da die Sonne das *yang* ist, vielleicht annehmen, dass die aktive Richtung gemeint sei, wenn das Zeichen einer übergeordneten Macht zugeschrieben ist, und die passive, wenn es einer untergeordneten zukommt. Dem entsprechend bedeutet das Zeichen mit dem Zeichen des Wassers: *„desiring to „drink. thirsty. anxious to attain an effect. water dried up."* So wird ausdrücklich in der Austrocknung des Wassers die Wirkung der Sonne, und die Folge von dem bezeichnet, was die vorige Bezeichnung gab. Auch giebt es sich von selbst, dass die Himmelskraft nicht nur auf Entäusserung, sondern auch zu Aufnahme und Innerung dringt. Daher bedeutet das Zeichen mit dem Zeichen des Mundes: *„to thirst. thirsty. „belching. sound of repletion."* Mit dem Zeichen des Gähnens: *„to go forth. exhaust. desist. stop."* Mit dem Zeichen der Hand: *„to bear. to be answerable."* Mit dem Zeichen des Wortes: *„to state to. declare. petition. request „visit a superior. to be admitted to audience."* Mit dem Zeichen der Aufrichtung (*lih, „to erect establish. form „or fix. place in order"*): *„to carry to the utmost point.*

„exhaust. try to the utmost. destroy. passing to the ex- „treme, and commencing again. revolving in a circle as the „five elements.“ Mit dem Zeichen des Holzes: *„stick thrust „in the ground over the grave of a person, who has died „in the high way.“* Das könnte an den Phallus auf dem Grabe erinnern, als ein Zeichen des aus dem Tode neu entspringenden Lebens. Das Zeichen bedeutet mit dem Zeichen des Todes: *„to die. to lean or depend upon.“* Mit dem Zeichen des Steines: eine runde Steintafel (*„round stone „tablet“*). Eine viereckige Steintafel heisst *pi*, geschrieben mit den Zeichen des Steines und des Unteren, Fig. 31. Da dieses Zeichen zu Bezeichnung der Erde und des weiblichen Principes dient, wie das gegenwärtige zu Bezeichnung des männlichen und der trocknenden Himmelskraft, so scheint hierbei die sinnbildliche Bedeutung des Kreises, als himmlischer, und des Viereckes, als irdischer Gestalt, fortzuwirken. Von hier aus kann es erklärlich gefunden werden, dass der runde Stein zugleich die Bewegung des Geflügels bedeutet (*„motion of feathered tribes“*), indess der Stein *pi* zugleich den Stein, an welchen die Opfer befestigt werden, bezeichnet (*„upright stone, to which victimes are fastened“*). Dieser Opferstein erinnert an die Erde, an welche die zu fortdauernder Aufopferung bestimmten Geschöpfe gebunden sind, und der sie endlich zufallen (*lo*). Die Bedeutung des runden Steines erinnert an den runden Stein, der den Himmel vorstellt, und an den dem Himmel entsprechenden Vogel (Fig. 44).

Kia, männlicher Hirsch (*„male deer. buck“*). Geschrieben mit den Zeichen des Hirsches und der Kraftäusserung, Verpflichtung (*„to exert ones strength, and assist those ef- „forts by mouth speaking. to superadd. confer upon. inflict. „charge to do“*). Das erinnert an die bettelnde Rede, Fig. 161, und kann sowohl auf die dem männlichen Individuum von Seiten der grossen Welt aufgelegte Verpflichtung, den Keim zu tragen, bezogen werden, als auch auf die Verpflichtung, welche auf das weibliche Wesen übertragen wird. Mit dem Zeichen des Ganges verbunden, lautet das Zeichen auch ***kia***, und ist, ohne eine selbstständige Bedeutung zu haben, in dem Namen des Buddha, ***Schi-Kia***. ***Ya-Kia*** (*ya:* geschrieben mit den Zeichen des Holzes und des Zahnes) bedeutet wechselseitig eingefügte Holzstücke (*„pieces of wood in re-„ciprocal opposition to each other.*")

Yü, männlicher Hirsch (*„male deer*"). Geschrieben mit den Zeichen des Hirsches und der Grosssprecherei (*„to talk „loud. talk big. vociferate. thien-wu* (*thien:* Himmel) *genii „of the water*"). So erinnert auch diese Bezeichnung an die dringende Frage und anspornende Rede, Fig. 161. Das Zeichen bedeutet mit dem Zeichen des Herzens: aufwecken und sehen (*„to arouse. awaken. perceive the real state*"). Das erinnert an das von der Sonne erweckte Auge, als männliches Bild.

Khiën, männlicher Hirsch (*„male deer*"). Geschrieben mit den Zeichen des Hirsches und des Irrthums (*„fault. „crime. error. wickedness. judgments of heaven*"). Das Zeichen besteht aus den Zeichen des Abfalles, Fig. 84, und des Menschen. Hieraus sind die Bedeutungen hinlänglich zu erklären. Die Anwendung auf das männliche Thier scheint sehr nahe zu liegen. In dem männlichen Leben ist der Ursprung der Individualität; das nichtige, vergebliche individuelle Leben ist für die organische Welt das, was Abfall und Sünde für die moralische ist, denn Beide haben den Egoismus als wesentliche Aeusserung. Daher die bei Beschreibung der organischen Lebensentwickelung häufig wiederkehrende Bezeichnung der Empörung und Verkehrtheit. In demselben Sinne bedeutet das umgekehrte Zeichen des menschlichen Körpers: die Rückkehr zu Recht und Tugend (*„to revert to what is „right. to revert and cultivate virtue*"). Das Zeichen des Irrthums bedeutet mit dem Zeichen der Sonne: *„a gnomon, „to shew the declination of sun.*" Mit dem Zeichen des Messers: schnitzen (*„to cut or carve*"); auch das erinnert an die individuelle Gestaltung. Mit dem Zeichen des Mundes: erbrechen (*„to vomit. i. me*"). Das erinnert an den ausbrechenden Mund der Erde, an die egoistische Aeusserung und Grosssprecherei. Cf. Fig. 151. Mit dem Zeichen der Krankheit: Krankheit.

Nachdem die männlichen und weiblichen Individuen beschrieben sind, bleibt es übrig, von dem Resultate oder der Frucht zu reden.

Pao, Fig. 162, *„represents the embryo in the womb. to „enwrap. infold. envelop. contain. to assume to ones self.*

„to undertake to transact for another person. it a kitchen.“ Dass das Zeichen zugleich eine Küche bedeutet, ist nicht auffällig, nachdem der Mutterleib, gleich der Welt, mit dem Ofen verglichen ist (Fig. 119). Der äussere Theil der Figur soll einen vorgebeugten Menschen darstellen *„to fold about. in-„wrap. envelope. sembles the appearance of a man bending „forward. having something which he would cover and hide.“* Das Zeichen *pao* bezeichnete in dem oben angeführten Ausspruche die Art, wie der Himmel gleich einer Eischale die Erde gleich dem Dotter einschliesst. Das Zeichen bedeutet mit dem Zeichen des Fleisches: *„that wh. surrounds an „infant in the womb.“* Mit dem Zeichen des Krautes: *„husk of grain.“* Mit dem Zeichen des Gefieders: *„bird „hatching eggs.“* Mit dem Zeichen des Kindes: schwanger. Mit dem Zeichen des Edelsteines: *„veins of stones“* (cf. Fig. 169). Mit dem Zeichen des Feuers: *„to embrace or „surround with fire. to roast in cinders or in a crust of „clay.“* Mit dem Zeichen des Wassers: *„bubbles of boi-„ling water. blisters of skin.“* Mit dem Zeichen der Haut: *„blisters on hands and feet.“* Mit dem Zeichen des Kleides: *„front part of dress“* (cf. Fig. 132). Mit dem Zeichen der Speise: satt, voll (cf. Fig. 114). Mit dem Zeichen des Windes: *„violent gale of wind.“* Mit dem Zeichen des Regens: Hagel, wahrscheinlich wegen der Vergleichung desselben mit Samenkernen, Fig. 138. Mit dem Zeichen der Hand: *„to grasp hold of. to compress between the arms. infold. em-„brace. lead. take. feel. vapour directed towards the sun.“* Das erinnert an den Urstoff, geschrieben mit den Zeichen der Luft und der Sonne, als wenn die Luft mit der Sonne schwanger ginge. Man könnte um so eher hieran denken, als die Schwangerschaft mit den Zeichen der Luft, *nai,* und des Kindes geschrieben wird (S. 156) Dass das Zeichen der Hand die besondere Bedeutung giebt, erinnert an das Zeichen der Mondfinsterniss, *yëu,* geschrieben mit den Zeichen des Mondes und der Hand *„left hand and moon. to seize on the „moon in an eclipse.“* Mit dem Zeichen des Steines: *„en-„gine for throwing stones.“* So scheint in dem Zeichen der Schwangerschaft die Bedeutung der Ausstossung schon implicirt.

Das Kind selbst heisst *tsze,* Fig. 163, *„produce. seed.*

„progeny. childern. the people. child. son. heir. applied also „to femals. persons of rank and virtue. love. affection, as „for child. a spot. die with which to play at dice. midnight. „On the 11th newmonth at midnight the powers of nature „are agitated, and the material universe receives an im- „pulse." Es ist wichtig, dass die Figur dem Henkelkreuze entspricht. Hager (*explanation of the elementary characters of the Chinese*) führt Chinesische Zeichen an, welche er mit dem Henkelkreuze vergleichen will. Er gedenkt aber dabei nicht des gegenwärtigen Zeichens, sondern nur des Morgens, Fig. 29, und des Rindes (Fig. 123 obere Hälfte). Wenn in dem letzteren Zeichen die halbkreisförmige Linie oben zu einem vollen Kreise geschlossen wäre, so würde dasselbe der Form des Henkelkreuzes, welche Jablonsky (*voc. Aegypt. voc. Σαλεβ*) anführt, gleichkommen. Man könnte im Chinesischen noch mehrere Figuren auffinden, welche dem Henkelkreuze gleichkommen, aber die ähnlichste von allen ist im Wesentlichen Fig. 163. Die geringe Krümmung der Linien, welche das Kreuz bilden, ist nicht constant, und es giebt Formen, in welchem sie sich als gerade Linien unter rechtem Winkel schneiden. Uebrigens scheint es nicht, dass das Henkelkreuz überall dieselbe Bedeutung habe. Unter den Aegyptischen Figuren erinnert dasselbe an das Zeichen, welches nach Champollion einen ausströmenden Wasserkrug vorstellt. Diese Figur unterscheidet sich von dem gewöhnlichen Henkelkreuze nur dadurch, dass der Ring auf der Seite liegt, indem die Querlinie des Kreuzes als vorspringender Rand des Kruges, senkrecht gerichtet, und die senkrechte Linie des Kreuzes gebogen ist, entsprecheed dem in einem Bogen ausströmenden Wasser. Dieser Krug, welcher den Krügen der Flussgötter gleich ist, liesse sich als das angemessenste Vorbild des Nilschlüssels betrachten. Ist die Mündung ganz nach unten gerichtet, so entspricht die Figur dem astronomischen Zeichen der Venus, von welcher der Thaufall hergeleitet wird, und muss das von oben kommende senkrecht fallende Wasser, als Regen und Thau vorstellen. Es ist nun ein unerklärliches, aber höchst merkwürdiges Zusammentreffen, dass Fig. 163, welche ebenfalls dem astronomischen Zeichen der Venus gleichkommt, die Mitternacht und die Liebe bedeutet. Durch die erstere Bedeutung hat das Zeichen zugleich Beziehung

auf den Morgen, wie sich auch aus der Bemerkung ergiebt, dass um diese Zeit eine Bewegung und ein Antrieb in der Natur stattfinde.

Wenn das Henkelkreuz mit dem Ringe nach unten gerichtet ist, so dass es dem astronomischen Zeichen der Erde entspricht, so kann es als ausströmender Krug nur die Erde vorstellen als Wassergefäss, dessen Inhalt nicht ausfliesst, sondern auf Antrieb des Himmels aufwärts verdunstet. Im Chinesischen hat das umgekehrte Zeichen des Kindes diese Gestalt, Fig. 164, *thuh*, *„child inverted. the posture of child „in natural easy parturition. to issue forth suddenly. to „occur abruptly, like a disobedient child driven forth head „foremost.“* Dieses Zeichen, welches dem astronomischen Zeichen der Erde entspricht, erinnert nicht nur durch den Laut *thuh*, sondern auch in andern Beziehungen an die Erde. Es finden sich bei demselben, wie bei der Erde, die Bedeutungen der Abwärtsrichtung und des Rückenwendens. Auch erinnert man sich, dass der Himmel die Erde umfasst (*pao*), wodurch dieselbe in die Stelle des getragenen Kindes tritt. Endlich wird die Erde, indem sie später entsteht als der Himmel, von dem Himmel geboren. Wie Pauthier (a. a. O.) anführt, sagt eine alte Ueberlieferung, der Himmel sei in der Stunde *tsze* (11 — 1 Uhr Nachts) geöffnet worden, die Erde sei erschienen in der Stunde *tschhëu* (1 — 3 Uhr Morgens). Auch in der Bezeichnung dieser Stunden finden sich entsprechende Andeutungen. Das Bihorium, welches der Mitternachtzeit vorangeht, heisst *hai*, und bedeutet *„successiv generations;“* das entsprechende Zeichen, dessen einer Theil unbestimmt ist, stellt in dem andern *„two human beings, man „and woman, or two childern“* vor. Jedenfalls ist deutlich, dass das Zeichen, wie die Bedeutung erweist, auf die Fortpflanzung Bezug hat, und insofern das folgende Zeichen, *tsze*, vorbereitet. Nach Indischen Begriffen würde das Zeichen *tsze* den Puruscha vorstellen, welcher zeugend und wiedergeboren derselbe ist. Durch das Bisherige wird man berechtigt, hier eine ähnliche Meinung vorauszusetzen. *Tsze* bedeutet zugleich einen Flecken (*spot*), einen Würfel (*die*) und ähnlich, nach Klaproth, ein Gewicht (*pondus, libramentum*). Das Zeichen hat daher Aehnlichkeit mit dem Indischen *linga*, insofern derselbe als *corpusculum* und Wahrzeichen der Individualität angesehen wird. Damit reimt sich auch, was weiter bei Pauthier vorkommt *„Tsze est le principe duquel tout „est sorti. toutes les choses eurent tsze pour source et „origin."* *Tsze* ist daher der Wendepunkt, entsprechend dem Anfange der Welt und des Individuums, der Moment, in welchem das Zweite aus dem Ersten, oder das Erste selbst zum Zweiten wird. Die folgende Zweistundenzeit, *tschhëu*, bezeichnet das entschiedene Dasein des Zweiten, und daher die Erscheinung der Erde. Das zeigt sich auch aus der Bedeutung des Zeichens *tschhëu*, *„appearance of hand taking hold „of something. a missile weapon. newborn infant raising its „hand."* Die Vereinigung der Bedeutungen erinnert an das bereits mehrfach erwähnte Zeichen *tai*, welches aus den Zeichen des Menschen und des Bogenschiessens bestehend, die Stellvertretung und Nachkommenschaft bedeutet. Die Inder nennen den Sohn den Stellvertreter des Vaters, und die Bedeutungen der Folge, Nachahmung, des Geeigneten und Angemessenen, welche sich bei den Bezeichnungen der Erde und der Individuen gefunden haben, weisen hier ein gleiches Verhältniss des unteren Principes gegen das Obere nach.

Die Inder tragen den Phallus in Gestalt eines Henkelkreuzes (v. Bohlen, das alte Indien I. 208). Einigermaassen könnte dem Zeichen *tsze* dieselbe Bedeutung zugesprochen werden. Indessen kann man auch annehmen, dass selbst bei den Indern nicht sowohl der Phallus, als vielmehr die Frucht gemeint sei; d. i. der Ausgang des Puruscha anstatt des Einganges. Auch heisst die Frucht im Sanskrit *phala*.

Dülaure (*des cultes qui ont précédé etc. l'idolatrie p. 454*) betrachtet das Henkelkreuz als *„colonne cruciforme „surmontée d'une tête."* Diese Meinung, welche ohne Zweifel nicht auf die beschriebenen Zeichen gestützt ist, scheint um so mehr Beachtung zu verdienen, als in den Aegyptischen und auch in den Chinesischen Figuren, deren Bedeutung bekannt ist, die Kreislinie nicht einen Ring, sondern den Umfang einer Kugel vorstellt.

Das Zeichen des Kindes, *tsze*, Fig. 163, bedeutet unter dem Zeichen des Daches (cf. Fig. 146, 153) *„child under „cover or shelter. a femal able to bear. to bear. produce. „cherish. love. promise a woman in marriage. the signs of „ideas produced in infinitum. letters."* Das Kind unter dem

Dache ist ähnlich Fig. 162, und giebt zunächst die entsprechende Bezeichnung für das weibliche Wesen, welches sonst auch *schih,* Haus, genannt wird, geschrieben mit demselben Zeichen des Daches, und des abwärts fliegenden Vogels, Fig. 10. Dass die Zeichenverbindung zugleich die Verheirathung oder vielmehr die Heirathstiftung bedeutet, das trifft zusammen mit dem oben angeführten Ausspruche, welcher die Heirathstiftung dem Säen gleichsetzt. Das Säen ist die Einlegung und Bedeckung der Frucht, und das gegenwärtige Zeichen kann dieselbe, wenn es auf das pflanzliche Leben angewendet wird, selbst bildlich vorstellen. Die letzte Bedeutung ist eben so merkwürdig wie unzweideutig. Die Frau, welche den unsichtbaren Samen in sichtbarer Gestalt ausführt, ist gleich der Rede und Schrift, welche den Gedanken anschauliche Zeichen giebt. Es ist hierbei zu bemerken, dass das Zeichen des Wortes *yen* in manchen Formen, wie in Fig. 165, das Zeichen des Mundes, und über demselben, gleichsam hervorgehend, das Zeichen des Kindes zeigt. Das ist dem Vorigen völlig entsprechend. Man erinnert sich zugleich, dass Fig. 128 die Verbindung zwischen Geist und leiblicher Gestalt bedeutet. Das Zeichen des Kindes bedeutet ferner mit dem Zeichen des Leichnams: die Schwangerschaft; dasselbe mit dem Zeichen der Luft, *nai, „breath issuing forth „with difficulty. is. am. was. than. will than. certainly. a „particle connecting the preceding with the following.“* Dieses Zeichen der Luft bedeutet mit dem Zeichen der Frau: die Milchbrust und die Frau selbst; mit dem Zeichen der hängenden Frucht, Fig. 166: *„manifestation or action of air „breath or vivifying principle, which causes plants and „animals to grow, and which pervades universal nature. „From nai, the air or vivifying principle issuing forth, and „thiao, giving sound. Other say, that thiao, fruit hanging „down, is not sound, but manifesting this action.“* Es scheint also auch in Verbindung mit dem Zeichen des Kindes der, gleich dem Urstoffe *khi,* belebende Hauch gemeint zu sein. Das Hervorgehen mit Schwierigkeit deutet auf die Hemmung und Eindämmung, welche die besondere Lebenserscheinung in dem Flusse der Dinge zeitweilig fixirt. Sonst hat das fragliche Zeichen auch eine Aehnlichkeit mit *pei, „woman in state of one months pregnancy. embryo. unfor-*

„med mass. applied also to clouds and vapours;" geschrieben mit den Zeichen des Fleisches und der Negation (obere Hälfte von Fig. 44). Das Zeichen des Kindes bedeutet ferner mit dem Zeichen des Gefässes (*ming*, der untere Theil von Fig. 54, 119) *„represents child placed in a platter, „probably alluding to the first born. senior or superior. the „beginning of. large. great. the first month of year. to use „effort."* Die Bedeutung der Anstrengung scheint zu zeigen, dass das Kind aus dem Gefässe des mütterlichen Leibes hervorgehend dargestellt ist. Mit dem Zeichen der Reispflanze: *„youth. whatever is young and delicate. small. slender. the „last of the series."* Das ist der Same der Reispflanze, der Schluss des vorigen und der Anfang des künftigen Lebens, welchen das Zeichen des Kindes als Zeichen der Mitternacht auch allein vorstellt. In demselben Sinne wird der Same *tsing* mit den Zeichen des Reiskornes (Fig. 2) und der lichtgrünen Farbe (Fig. 35) geschrieben. Auch hier sagt die Erklärung: *„rice and pure."* Es ist schon bei dem Zeichen der Kothgrube, bei Fig. 89 sq., erwiesen worden, dass die Bedeutung der Reinheit nur gesucht ist. Wenn die Zeichenverbindung zugleich ausgehülsten Reis bedeutet, so ist ebenfalls nicht die Reinigung, sondern die Schälung gemeint, mag die Schale nun von aussen (Fig. 29) oder von innen (Fig. 30) durchbrochen werden. Der Same ist daher der grünende Reis, und erinnert an den Goldleibkeim, *hirangagarbha*, der Inder, welcher, gleich dem Samen, der Wendepunkt der Welt ist. Das Zeichen des Kindes bedeutet ferner mit dem Zeichen der Reispflanze in anderer Stellung: *„to add earth to the roots of „grain"* (cf. Fig. 151). Mit dem Zeichen des Pfluges: *„to „weed. pluck out weeds"* (cf. Fig. 104). Mit dem Zeichen der Vegetation: (*„great abundance of herbage and wood"*): *„to bear. produce. to breath after unweariedly. ardent af„fection for. indefatigable diligence. to bear young, and „nourrish with the breast."* Mit dem Zeichen des Wassers: schwimmen. Das bezieht sich vermuthlich auf den Aufenthalt der Leibesfrucht in Wasser, ähnlich dem Namen ὑιος, nach dem was Plutarch über denselben sagt. Das Zeichen des Kindes zeigt in einigen Formen als Zuthat das Zeichen des fliessenden Wassers, welches aber der Erklärung zufolge das Haar vorstellen soll. Das Zeichen des Kindes

bedeutet mit dem Zeichen des Zweifels (Fig. 167): *„infant „at breast. attached to, as a child to parents. to pertain."* Der obere Theil der Figur ist das Zeichen des Regens (Fig. 38). Der untere Theil das Zeichen *urh, „soft hair on the „side of check. and. as. thou. you."* Das Zeichen *urh* soll in einer gewissen Verbindung die Pflanzenwurzel vorstellen. Die Zeichenverbindung wird erklärt: *„that which is neces- „sary, viz. rain. stopped or impeded by rain. to wait in „doubt or hesitation."* Es scheint somit eine unbedingte Abhängigkeit bezeichnet werden zu sollen. Eine solche Abhängigkeil ist die des Kindes von den Eltern und die des Menschen von der grossen Welt, den grossen Eltern (*ta-fu-mu*). Vor Allem ist der Regen als Bild gewählt, weil er unentbehrlich ist, und doch manche Verrichtungen hindert. Es scheint von einer Gleichsetzung der Frucht und des Organes zu zeugen, wenn das Zeichen des Zweifels mit dem Zeichen des Rindes bedeutet: *„the legs of cow. the penis of bull."* Das Zeichen des Kindes bedeutet mit dem Zeichen des Greises: Unterricht empfangen und gehorchen. Mit dem Zeichen der Nachahmung (Fig. 166): *„(to imitate placed in a mortar „on a cover over a child) to receive instructions. to con- „form what is said. learning."* Der untere Theil von Fig. 166 ist das Zeichen des Kindes; darüber ist ein winkelförmiges Dach; darüber, der innere Theil der oberen Hälfte, in Gestalt von zwei Kreuzen, ist das Zeichen der Nachahmung, *hiao, „to lay across. blend. imitate. comply with the wishes „of another person."* Der äussere Theil der oberen Hälfte ist das Zeichen des Mörsers, *khiëu, „mortar for pounding „rice. originally a hole dug in the earth, afterwards made „of stone and wood."* Diese Zeichenverbindung ist namentlich bemerkenswerth, insofern die organische Gestaltung mit dem Unterrichte in der Bezeichnung zusammenfällt Das Zeichen des Kindes bedeutet endlich mit dem Zeichen der Klaue: den brütenden Vogel, Fig. 169, *„fu, birds claw placed over „a child. to hatch eggs. belief. trust. confidence. mutual „affiance. to hatch. nourish. breed up. colours of a stone* „(cf. Fig. 162). *Fu-Kia: utter coat of bud, which it bursts „at time of blossoming."* (*Kia* der Panzer, Fig. 29, 31). Der untere Theil der Figur ist das Zeichen des Kindes, der obere die Klaue, *tschao, „the nails of fingers and toes. claws of*

„animal. talons of birds. to scratch. claw. tear to pieces. „lay the claws upon a thing. lay the hand upon with palm „undermost. take with the hand.“ Das Zeichen der Klaue scheint sich in seiner vollen Bedeutung anwenden zu lassen, indem die Eier unter dem Einflusse des brütenden Vogels zerbrechen, wie unter der Hand eines Feindes. Auch erinnert das an die Hand des Himmels. Das Zeichen bedeutet mit dem Zeichen des Vogels: *„(to hatch an egg and a bird) „milk. tender. soft. the breast.“* Mit dem Zeichen der Schale: *„to suckle a child. ignorant.“* Dasselbe Zeichen der Schale bedeutet mit dem Zeichen des Kuhmaules (Fig. 123) die Erde; mit dem Zeichen des Eies: brüten; mit dem Zeichen des Mundes: ausbrechen. Das Zeichen des Brütens bedeutet ferner mit dem Zeichen des Fleisches: *„the urinary blad-„der.“* Mit dem Zeichen des Eies: *„to nurture. bring up „transform.“* Mit dem Zeichen des Todes: *„to die of hun-„ger.“* Mit dem Zeichen des Krautes: *„to fade as a plant. „to die of hunger.“* Das muss sich auf die Beharrlichkeit der brütenden Vögel beziehen, vermöge deren sie nicht nach Nahrung gehen, sondern gleich den Pflanzen, nur das verzehren, was an ihren Ort kommt. Mit dem Zeichen des Menschen: *„to take in war. prisonner.“* Cf. Fig. 54, wo die Ernährung des Gefangenen auf das mütterliche den Keim nährende Leben angewendet wird. Eben so lässt sich das Gefangennehmen auf die Einschliessung des Keimes beziehen. Mit dem Zeichen des Holzes: *„raft. instrument for collec-„ting earth and throwing within the planks, when forming „mudwalls.“* Das erinnert an die Modelform (cf. Fig. 168). Mit dem Zeichen der Reispflanze: *„husk of grain. cap-„sule of flowers.“* Mit dem Zeichen der Seide: Netz. Mit dem Zeichen des Wassers: *„to ascend a raft and float on „the water. cloudy vapours.“* Das scheint sich zunächst auf die schwimmenden Nester von Wasservögeln zu beziehen. In anderem Sinne kann die Zeichenverbindung unmittelbar den wässrigen, brütenden, fruchtbaren Dunst bezeichnen. Mit dem Zeichen der Erde: *„hill on the top of which is water. to „escape, while water escaping and running down. great. „abundant.“* Diese Zeichenverbindung heisst *fëu*, und erinnert daher an den gleichen Namen des Urberges (Fig. 11), welchem auch die letzte Bedeutung entsprechend ist. Der

Hagel wurde mit dem Zeichen der Schwangerschaft (Fig. 162) geschrieben, und schien ein Bild des Samenkornes oder Eies zu sein. Das von oben herabfliessende Wasser wird mit dem Zeichen des brütenden Vogels geschrieben, als wenn es ausgebrütet wäre. Mit dem Zeichen des Feuers: *„steam or „vapour arising from heat."* Das ist die Brut des Feuers, und ist gleich dem Urstoffe, welcher ebenfalls als ein von dem Feuer aufsteigender Dunst bezeichnet wurde. Vielleicht könnte man daher in dem Zeichen des Urstoffes das Reiskorn als ein erklärendes Epitheton ansehen, durch welches der Urstoff als Brut oder Same bezeichnet wird. Mit dem Zeichen des Tigers: *„to go forth. to be employed."* Vermuthlich wird damit die unbedingte Dienstbarkeit des mütterlichen Lebens bezeichnet, indem selbst der Tiger, welcher die zerstörende Sonne und jede Uebermacht bezeichnet, seiner Brut Dienste leistet. Mit dem Zeichen des Fusses: hurtige Bewegung. Die Schnelligkeit ist ein Zeichen der Dienstbarkeit. Mit dem Zeichen des Regens: *„appearance of rain and snow."* Mit dem Zeichen des Gefieders: *„bird casting its feathers."*

Fuh, „to lie prostrate on face. to subject either ones „self or others. to conceal. to brood or hatch eggs." Geschrieben mit den Zeichen des Menschen und des Hundes (Fig. 4). Als wesentliche Bedeutung erscheint also das *Προςκυνειν* (cf. Fig. 136).

Das umgekehrte Zeichen des Kindes, Fig. 164, ist gleichbedeutend mit dem gleichlautenden Zeichen *thuh,* welches den Hund aus der Höhle hervorstürzend darstellt, *„dog bol„ting out of a den. abrupt appearance. to rush against. of„fend or insult. work a hole through. short hair. approa„ching to baldness. vicious horse, wh. boltes."* Die Kahlheit erinnert an die Schälung. Die Höhle, *hiuëi,* bedeutet *„holes „or houses in earth, used in ancient times for human dwel„lings. cavern. den. lurking place for animals or men. si„nus in human body. halo. to dig a hole. halo about the „sun."* Das letztere erinnert daran, dass das Zeichen der Schwangerschaft, Fig. 162, mit dem Zeichen der Hand, auch den Hof um die Sonne bedeutet. Das Zeichen der Höhle bedeutet mit dem Zeichen des Leichnams: *„womans privities. „womans vagina."* Uebrigens finden sich die zahlreichen Bezeichnungen des Himmels mit dem Zeichen des Daches oder

der Höhle, und die Decke, *mao,* bedeutet: „*overspread as „the canopy of heaven.*" Alle diese Einzelheiten machen es noch wahrscheinlicher, dass die Erde in dem Umfange des Himmels sich gleich dem Kinde im Mutterleibe befindet.

Indem das in der Geburtstellung begriffene Kind verglichen wird mit einem ungehorsamen Kinde, welches kopfüber hinausgetrieben wird, ist die Geburt als eine Handlung von beiden Seiten bezeichnet. Das Kind fängt an, sich der zeitherigen Unterordnung zu widersetzen, und die Mutter treibt dasselbe hinaus. Indessen werden diese Bedeutungen nicht mit Strenge festgehalten, und das genannte Verhältniss erscheint vielmehr als eine Synergie mit einseitiger Selbstständigkeit beider Contribuenten. Daher bedeutet das Kind *thuh* mit dem Zeichen des Fleisches: „*(child in womb and flesh.) „to bear. nourish. cause to increase. grow. educate well „and virtuously.*"

Dass der wachsame Hund die Stelle des individuell hervorgehenden Lebens bezeichnet, passt zu den Bedeutungen dieses Thieres, welche bei Fig. 4 und 155 vorkommen. Was hieraus zu entnehmen ist, wird bestätigt durch das folgende Zeichen.

Ying, „*pregnant with child.*" Geschrieben mit den Zeichen des Fleisches und des Frosches, Fig. 170, *meng,* „*a frog, „vulgarly called thu-kia, earth-duck, makes a loud croa- „king, and is found chiefly about ponds. to energize. to use „great effort.*" Die letzte Bedeutung erinnert an die Fabel von dem aufgeblasenen Frosche, und bezieht sich vielleicht auf die Anstrengung bei dem lauten Geschrei, wenn anders nicht auf die sichtliche Vermehrung der Glieder. Wie Fig. 170 zeigt, ist der Frosch geschwänzt (cf. *kho-tëu,* Fig. 150). Wenn man bedenkt, dass der menschliche Embryo geschwänzt ist, und mit fortschreitender Ausbildung gleich dem Frosche ungeschwänzt wird, so mögte man meinen, dass die bildliche Bezeichnung sich auf Anschauung gründe. Auch bei den Aegyptern (*Horap. I. 25*) bedeutet der Frosch, *βατραχος: ανθρωπον απλαστον.* Das Zeichen des Frosches bedeutet mit dem Zeichen der Frau: „*a big bellied insect. pregnant. mind „filled with greedy desires of filthy lucre.*" Cf. S. 114. Mit dem Zeichen des Mondes: ebenfalls die Schwangerschaft. Mit dem Zeichen des Wurmes: die Biene. Mit dem Zeichen der

Höhle: *„furnace for cooking. print of horses foot."* Cf. Fig. 119. Mit dem Zeichen der Seide oder des Metalles: *„cord. string. „rope. to warn. restrict."* Mit dem Zeichen des Auges: *„to look. to stare straight before one."* Mit dem Zeichen der Sonne: *„splendour of sun."* Vielleicht ist die Unbeweglichkeit der Augen ein Bild des einförmigen und starren Lichtes der Sonne, indess der wechselnde Mond mit dem beweglichen Auge einigermaassen verglichen wird, wenn es heisst: *„shining brightness as of eye and moon."*

Thai, *„big with child."* Geschrieben mit den Zeichen des Kindes (Fig. 163) nnd des Ich, Fig. 171, *„i. me. to be „pleased. gratified. eminent. exalted."* Der untere Theil der Figur ist das Zeichen des Mundes, der obere das Zeichen des Egoismus *„selfish. private"* (cf. Fig. 145). Da nun der Mund die Aeusserung bedeutet, so könnte man die Zeichenverbindung deuten als Aeusserung des Ich. Es bleibt dabei unentschieden, ob sich das Ich gebend oder nehmend äussert. Das Zeichen bedeutet mit dem Zeichen des Fleisches: *thai, „(raised) 'femal three months advanced in pregnancy. any „period of pregnancy. the womb. to run from and rebel „against. thai-hing: the figure of the embryo in the womb. „(hing* Gestalt) *schëu-thai: to conceive or become pregnant. „(schëu* empfangen) *schuh-thai: sprouts or shoots of bam- „boo (schuh* Bambu)." Mit dem Zeichen der Frau: *„(wo- „man and eminent) the beginning of woman. the beginning. „commencement. origin. to begin. originate."* Wenn das Ich und die Frau den Anfang bedeutet, so lässt sich dabei nur an den Anfang als Vereinigung und speciell an die Empfängniss denken. Mit dem Zeichen des Zahnes: *„to chew over again. „to ruminate."* Mit dem Zeichen des Wortes: *„to com- „municate or hand down, as to posterity. to connect. wh. „is left behind ones death, as a testament or will."* Mit dem Zeichen der Perle: *„to present. leave. be left to, as „property at the dead of a person."* Diese Bedeutungen sind einander sehr verwandt, indem sie die beiden Seiten des Wechsels, die Ueberlieferung oder die Empfangnahme bezeichnen. Mit dem Zeichen des Todes: *„to begin. approach. on „the limit of."* Mit dem Zeichen des Ursprunges (Fig. 138): den Anfang. Mit dem Zeichen der Erde: *„altar or „table."* Mit dem Zeichen des Eises: *„to fuse metals."*

Nach dem bereits oben angeführten Ausspruche, in welchem die Welt ein grosser Ofen genannt wird, heisst es, die Verwandlung sei eine grosse Schmelzung (*ye*). Der dabei gebrauchte Ausdruck ist der gegenwärtige. Indem die Schmelzung der Metalle mit den Zeichen des Eises oder der Gerinnung und des Ich geschrieben wird, ist gesagt, dass die Metalle nur der fremden Natur nachgebend schmelzen, und ihrer eigenen Natur nach geronnen und starr sind. Wenn diese Bezeichnung auf die Welt im Allgemeinen angewendet wird, so wird die Trägheit und Erstarrung als der selbstständige Zustand der Dinge, und die Bewegung als eine Nachgiebigkeit gegen die bewegende und durchdringende Kraft bezeichnet.

Tschung, „*pregnant woman*." Geschrieben mit den Zeichen des Körpers, *schin*, und des Gewichtes, *tschung*, „*heavy*. „*weight. weighing. to give weight and importance to. impor*„*tant. respectful. heinous* (*applied to crimes*) *severe* (*ap*„*plied to punishments*)." Diese Bedeutungen, so wie die fernere Verwendung des Zeichens erinnern an Fig. 124. Das Zeichen bedeutet mit dem Zeichen des Rindes: die trächtige Kuh. Mit dem Zeichen des Wassers: die Milch. Mit dem Zeichen des Brütens (Fig. 169): die Milch, „*juice of breast*." Mit dem Zeichen der Kraft: Bewegung, „*to move. shake*. „*issue forth. excite. agitate*." Diese Bezeichnung für Bewegung, *thung*, ist die eminente oder kapitale Bezeichnung; *thung-tsing*, Bewegung und Ruhe, entspricht dem *yang* und *yin*. Dass die Bewegung mit den Zeichen der Kraft und des Gewichtes geschrieben wird, erinnert an unsere physikalischen Lehren von der Masse und der Geschwindigkeit. Auch lässt sich annehmen, dass die entsprechenden Wirkungen der Bewegung und des Gewichtes sehr früh und deutlich wahrgenommen werden. Das ist von Wichtigkeit, wenn die Bedeutung des Beweggrundes und des *yang* beurtheilt wird. Mit dem Zeichen des Holzes: „*wooden comb*" (cf. S. 87). Mit dem Zeichen der Wolke: „*refers to the motion of yin* „*and yang*." Mit dem Zeichen der Reispflanze: „*to plant*. „*sow. seed. sort. class. kind. tribe. appearance of short* „*hair. to spread out as in scattering seed*." Mit dem Zeichen des Krautes: „*to lead onward to a correct state. to* „*correct. to rule with authority. to strike with both hands.*

„firme. recondite.“ Das scheint sich im Wesentlichen auf die unabwendbare Richtung der Pflanzen deuten zu lassen. Das Zeichen der Kleinheit mit dem Zeichen des Krautes bedeutet: unabwendbar nach einem Punkte gerichtet. Wie der Stengel unabwendbar emporwächst, so hängt das Gewicht senkrecht herab. Mit dem Zeichen des Feuers: *„appearance of fire „rising“* ohne Zweifel ebenfalls wegen der senkrechten Aufrichtung. Mit dem Zeichen des Ackers: *„uncultivated land, „trodden by wild animals.“* Wahrscheinlich eine Anspielung auf das Keimen der nicht gesäeten, sondern durch die Füsse des Wildes in den Grund getretenen Samen (*Herodot II. 14*). Mit dem Zeichen des Thieres: *„animal breasts, wh. give „milk.“* Mit dem Zeichen des Metalles: die Glocke, *tschung, „vessel to contain wine. to collect together. heavy. a mea- „sure. the natural talent conferred by heaven. appearance „of shedding tears. bell. tea-cup. wine-cup.“* Wenngleich nicht alle hier vereinigten Bedeutungen unmittelbar erklärlich sind, so findet sich doch für das hauptsächliche eine ausreichende Nachweisung. Dass das Zeichen zugleich ein Gefäss bedeutet, hat dasselbe mit mehreren gemein. Das musikalische Instrument *hiuen*, Fig. 117, war zugleich ein Feuergefäss. Die Flöte *yo* wird zugleich als Gemäss bezeichnet. Von dem Gefässe *fëu* heisst es: *„formerly used to discriminate „the notes of musick, and also to contain liquids.“* Nach Pauthier ist die Glocke *tschung*, gleich dem Gefässe *ting: „metal vase with three feet. tripod with two ears. firm. „stable. correct.“* Wenn die Mündung nach oben gerichtet ist, so wird das Opfergefäss, *ting*, vorgestellt, ist die Mündung nach unten gerichtet, so zeigt sich die Glocke *tschung*. Das nach oben gerichtete Gefäss zeigt sich empfänglich für den äussern Einfluss; das nach unten gerichtete Gefäss zeigt sich empfänglich für den immateriellen Einfluss der Bewegung, und pflanzt dieselbe in dem Schalle fort. Die zweifache Fähigkeit der Gefässe ist gleich der Zweiseitigkeit des individuellen Lebens, der Auf- und Abrichtung. Die Aufrichtung ist das Einnehmen und Unterordnen des Aeusseren, und gleicht der Aufrichtung des Gefässes, welches mit dem Opfer angefüllt wird. Die Abrichtung ist das Unterliegen und Dienen, als welches in dem Obigen die Fortpflanzung beschrieben ist, und gleicht

der Abwärtsrichtung des Gefässes, welches die mitgetheilte Bewegung tönend fortpflanzt, gleich der entwerfenden Erde.

Die Schwangerschaft oder Empfängniss wird auch durch das Zeichen *tschhin* bezeichnet, „*to shake. agitate as by* „*thunder or by an earth-quake. to raise. commence. con-* „*ceive or become pregnant. intimidate or strike terror into* „*by pomp and state, or by despotic power.*" Das Zeichen besteht aus den Zeichen des Regens und der Bewegung, *schin*, „*to excite motion. time. to divide time by their mo-* „*tions. the hour from 7 — 9 morning.*" Die dem Zeichen entsprechende Fig. 172 wird nicht erklärt, und ist vielleicht ein Bild des Instrumentes, welches während der Nachtwache angeschlagen wird. Die Vereinigung der Bedeutungen weist zuerst darauf, dass die Beziehung des Anfanges auf die Empfängniss, welche bei Fig. 171 gefunden wurde, wirklich stattfinden möge, wie sie hier ausdrücklich gegeben ist. Sodann ist es in Rücksicht des vorigen Zeichens, *tschung*, merkwürdig, dass auch die Bedeutung der Bewegung mit der der Schwangerschaft hier unmittelbar zusammenfällt. Das Zeichen der Bewegung, *schin*, bedeutet mit dem Zeichen der Frau: „*to be pregnant. the motion of child in womb.*" Dem Zeichen *tschin* entspricht eines der acht Kwa: ☳, welches eine *yang*-Linie unter zwei *yin*-Linien zeigt. Es ist nicht ganz bestimmt, was dieses Kwa vorstellt. Gewöhnlich soll dasselbe Donner und Blitz oder den trockenen Dunst bedeuten. Im Allgemeinen stimmt das auch mit den vorhandenen Bedeutungen, unter welchen die Erschütterung durch Donner oder Erdbeben vorkommt. Mit dieser allgemeinen Nachweisung aber ist eine Erklärung der Linien nicht gegeben. Wenn das Gewitter gemeint ist, welches den Blitz abwärts sendet, so hätte man in den Linien eine Art der Rückkehr bezeichnet zu finden, und dieselbe würde die in den Himmel getragene Erde vorstellen, so dass der Ausbruch eine Geburt oder Wiedergeburt der Erde bedeutete. Wäre dagegen das unter der Erde sich bewegende und in dem Erdboden den Grund spaltende und ausbrechende Element gemeint, so würde die mit dem *yang* oder Himmel schwanger gehende Erde vorgestellt sein. Das ist das Wahrscheinlichste, indem es mit dem was von der durchdringenden und die Erde bevollmächtigenden Himmelskraft vorgekommen ist, übereinstimmt, und ein neues

Produkt der entwerfenden Erde zu erkennen giebt. Fig. 172 bedeutet mit dem Zeichen des Hirsches: den weiblichen Hirsch.

Tsiu, „pregnant woman." Geschrieben mit dem Zeichen der Frau oder dem Zeichen des Kindes, und dem Zeichen des Grases, Fig. 173, *„grass. represents a bundle of grass."* Dieses Zeichen des Grases bedeutet mit dem Zeichen des Vogels: *„young fowls wh. are capable of feeding them-„selves. chikens."* Dagegen werden die Vögel, welche geätzt werden, *„young birds, wh. are unable to feed themselves,"* geschrieben mit dem Zeichen der Schale. Das Zeichen der Schale bedeutet in vielen Verbindungen das Säugen. Es scheint daher, dass das Aetzen mit dem Säugen, und die Selbsternährung mit der Ernährung des ungeborenen Kindes und des Krautes verglichen wird.

Seng, „to bear. produce. to cause. excite. human life. „a state of existence. unripe. new." Das diesen Bedeutungen entsprechende Zeichen, Fig. 174, wird nach seiner Zusammensetzung nicht erklärt. Dasselbe erinnert zunächst an Fig. 133. Das Zeichen der Zahl Zehn wird nicht nur als stehendes Kreuz, sondern auch, und zwar eigentlich, als senkrechte, eine schwarze Kreisfläche durchschneidende Linie gebildet. Da das verglichene Zeichen in Fig. 134 die Bedeutung der Schwangerschaft gab, so würde dasselbe eben so leicht die der Geburt geben können. Der obere Theil der Figur bliebe dann dem Zeichen des Pflanzenkeimes zu vergleichen (cf. Fig. 50, 57, 173). Eine solche Zusammensetzung würde dem entsprechen, was bei Fig. 133 und 148 gesagt ist.

Tsan, „to produce, as from the ground by growth. to „send forth from the native place. to bear, as the femal „of human or other creatures. which is produced. patri-„mony. property in houses or land. occupations of people. „musical instrument of reed." Die Zusammensetzung des entsprechenden Zeichens ist nicht deutlich.

Das Gebären heisst auch *mien*, Fig. 175, *„to dispense „with. prevent. avoid. put away. stop. put off. free from. „silent. mourning cap. to bear a son. any thing new. to put „off the cap, and bind up the hair for mourning."* Das Zeichen ist durch Hinweglassung eines Zuges aus dem Zeichen des Hasen, Fig. 176, gebildet. Der Hase heisst *thu*, und erinnert daher an die Erde. Es heisst von dem Hasen, er empfange, indem er den Mond anschauet, und gebäre aus dem Munde. Auch das erinnert an die Erde und den ausbrechenden (*vomiting*) Erdmund. Das Zeichen des Hasen bedeutet mit dem Zeichen des Auges: sehen; was an die immer offenen Augen erinnert, wegen deren er bei den Aegyptern die Oeffnung bedeutet.

Mien, „*the act of parturition. to plough in pairs.*" Geschrieben mit dem Zeichen der Frau und dem Zeichen *mien*, welches bedeutet: „*to endeavour. use effort. to force ones* „*self to do. urge to. persuade. stimulate. diligent.*" Dieses letztere Zeichen besteht aus dem Zeichen der Kraft und Fig. 175. Die Bedeutung der gemeinschaftlichen Arbeit, welche mit der der Geburt zusammenfällt, stimmt mit dem, was bei Fig. 164 über die Geburt als ein Zusammenwirken des mütterlichen und kindlichen Lebens gesagt ist.

Erklärung der Figuren.

Fig.	S.	Fig.	S.	Fig.	S.	Fig.	S.	Fig.	S.	Fig.	S.
1	4	31	28	61	51	91	78	121	104	151	140
2	5	32	29	62	52	92	—	122	—	152	142
3	—	33	—	63	54	93	79	123	105	153	143
4	8	34	—	64	56	94	80	124	106	154	144
5	9	35	—	65	57	95	81	125	108	155	145
6	12	36	30	66	58	96	—	126	110	156	146
7	13	37	31	67	62	97	—	127	—	157	—
8	14	38	—	68	—	98	—	128	112	158	147
9	—	39	—	69	—	99	—	129	—	159	—
10	—	40	33	70	64	100	—	130	113	160	148
11	15	41	—	71	65	101	82	131	115	161	—
12	—	42	—	72	66	102	84	132	117	162	151
13	—	43	34	73	67	103	85	133	118	163	152
14	16	44	35	74	—	104	87	134	119	164	154
15	17	45	—	75	—	105	88	135	120	165	156
16	—	46	—	76	68	106	89	136	—	166	—
17	—	47	36	77	—	107	—	137	122	167	158
18	—	48	39	78	—	108	90	138	124	168	—
19	18	49	40	79	—	109	91	139	126	169	—
20	19	50	—	80	69	110	—	140	127	170	161
21	20	51	41	81	—	111	92	141	—	171	162
22	—	52	43	82	—	112	93	142	129	172	165
23	—	53	—	83	70	113	—	143	131	173	166
24	—	54	44	84	71	114	95	144	132	174	—
25	21	55	46	85	72	115	100	145	—	175	—
26	22	56	47	86	—	116	—	146	135	176	167
27	25	57	—	87	74	117	101	147	136		
28	26	58	48	88	75	118	—	148	137		
29	—	59	—	89	76	119	102	149	138		
30	27	60	51	90	77	120	103	150	139		

Fig: Fig: Fig:
6. 7. 8.
22. 23. 24.
38. 39. 40.
54. 55. 56.
70. 71. 72.
86. 87. 88.
102. 103. 104.
118. 119. 120.
134. 135. 136.
150. 151. 152.
166. 167. 168.

Fig: Fig: Fig: Fig:
9. 10. 11. 12.
25. 26. 27. 28.
41. 42. 43. 44.
57. 58. 59. 60.
73. 74. 75. 76.
89. 90. 91. 92.
105. 106. 107. 108.
121. 122. 123. 124.
137. 138. 139. 140.
153. 154. 155. 156.
169. 170. 171. 172.

g: Fig: Fig: Fig:
3. 14. 15. 16.
29. 30. 31. 32.
5. 46. 47. 48.
1. 62. 63. 64.
7. 78. 79. 80.
3. 94. 95. 96.
09. 110. 111. 112.
5. 126. 127. 128.
1. 142. 143. 144.
7. 158. 159. 160.
3. 174. 175. 176.

FSC
www.fsc.org
MIX
Papier | Fördert
gute Waldnutzung
FSC® C083411

Zeitfracht Medien GmbH
Ferdinand-Jühlke-Straße 7
99095 Erfurt, Deutschland
produktsicherheit@kolibri360.de